全国餐饮职业教育教学指导委员会重点课题成果拓展书系
中华地方菜点烹饪技艺传承与创新丛书
内蒙古饮食传承与创新丛书

内蒙古菜肴制作

NEIMENGGU CAIYAO ZHIZUO

编　著◇武国栋　陈　浩　王　猛

副主编◇张　清　赵瑞斌　丁冠辉

参　编◇（按姓氏笔画排序）

王文娟　刘　斌　刘加上　刘旭明

刘霞飞　孙剑昊　张虎虎　张莉杰

陈　辉　陈　程　郭　锐

华中科技大学出版社
http://www.hustp.com
中国·武汉

内 容 简 介

本书是全国餐饮职业教育教学指导委员会重点课题成果拓展书系、中华地方菜点烹饪技艺传承与创新丛书、内蒙古饮食传承与创新丛书之一。

本书共5个模块，内容包括内蒙古饮食概述、内蒙古特色食材的加工工艺、内蒙古特色凉菜的制作工艺、内蒙古特色热菜的制作工艺、内蒙古特色宴席，菜品后配有精美的图片。

本书可供烹饪类相关专业学生使用，也可作为餐饮行业的培训教材。

图书在版编目(CIP)数据

内蒙古菜肴制作/武国栋，陈浩，王猛编著.—武汉：华中科技大学出版社，2022.7
ISBN 978-7-5680-8477-2

Ⅰ. ①内… Ⅱ. ①武… ②陈… ③王… Ⅲ. ①菜谱-内蒙古-职业教育-教材 Ⅳ. ①TS972.182.26

中国版本图书馆 CIP 数据核字(2022)第 114039 号

内蒙古菜肴制作
Neimenggu Caiyao Zhizuo

武国栋 陈 浩 王 猛 编著

策划编辑：汪飒婷
责任编辑：汪飒婷 李艳艳
封面设计：原色设计
责任校对：王亚钦
责任监印：周治超
出版发行：华中科技大学出版社(中国·武汉)　　电话：(027)81321913
　　　　　武汉市东湖新技术开发区华工科技园　　邮编：430223
录　　排：华中科技大学惠友文印中心
印　　刷：湖北恒泰印务有限公司
开　　本：787mm×1092mm　1/16
印　　张：11.5
字　　数：270 千字
版　　次：2022 年 7 月第 1 版第 1 次印刷
定　　价：52.00 元

主编简介

武国栋，内蒙古商贸职业学院餐饮食品系副主任（主持工作），硕士，主要从事烹饪技术、宴席设计以及蒙餐烹饪技术创新实践和理论研究等工作。

作为烹饪技术人员，曾获第三届全国烹饪技术比赛金牌，并荣获"中国烹饪大师"称号，还获得了内蒙古自治区五一劳动奖章等多项荣誉。

在技术与学术领域，挖掘并复原了内蒙古传统名宴——诈马宴，并引领了内蒙古新派蒙餐的创新方向。作为烹饪理论研究人员，参与编写《草原饮食制作技艺研究》等著作，主编《宴会设计与管理实务》等教材，为内蒙古自治区质量和标准化研究院编写了多个蒙餐标准化文件及《机关餐厅运行规范》等行业标准化文件，同时还主持了药膳酸马奶食品开发与专利申请、烧卖专用盘开发与专利申请的科研工作。

在注重专业技术与学术的同时，也注重为行业服务，连续10年带领学生参与全国"两会"接待及《饮膳正要》菜点的复原与应用等工作，并成功设计了2017年外交部举办的内蒙古全球推介活动的冷餐会全部菜点，为北京内蒙古大厦、内蒙古锦江国际大酒店等多家餐饮酒店输送技术人才，提供产品研发服务。

担任全国餐饮职业教育教学指导委员会委员、内蒙古旅游餐饮行业协会会长等重要社会职务，为内蒙古餐饮业做出了重要贡献。

陈浩，男，汉族，中共党员，硕士，中式烹调师高级技师，内蒙古烹饪大师。现任内蒙古商贸职业学院餐饮食品系实践教学与管理科科长、内蒙古旅游餐饮行业协会常务副秘书长、内蒙古自治区餐饮服务业标准化专业技术委员会委员兼副秘书长，曾参与编写《内蒙古名菜》等教材，发表论文10余篇，有实用型专利1项，担任烹饪专业冷菜工艺、冷菜制作、烹调工艺等课程的教学任务。

2008年获得第六届全国烹饪大赛冷菜拼摆银奖；2010年获得中俄蒙国际美食文化节中餐宴席设计金奖；2013年获得第四届内蒙古烹饪大赛暨第一届蒙餐大赛冷菜拼摆特金奖；2019年获得"内蒙古烹饪大师"称号；2021年获得内蒙古自治区高等职业院校技能大赛（烹饪赛项）优秀指导教师。

王猛，汉族，1980年生，内蒙古包头市人。博士，副教授。主要从事少数民族饮食史、饮食制作技艺及民俗文化研究。曾主持内蒙古师范大学校级课题"内蒙古少数民族饮食文化鉴赏""蒙古族传统饮食制作技艺研究"等4项；参与内蒙古师范大学重大项目"传统弓箭在东北亚民族地区的流变与文化融合"、国家社会科学基金特别委托项目"草原民间手工技艺研究"、内蒙古师范大学委托项目"六安地区出土汉代弓的合作研究协议"等4项；主持内蒙古自治区教育厅"汉籍蒙古族饮食制作技艺文献辑注"课题1项。发表相关专业论文30余篇，其中北大核心期刊7篇，人文社会科学核心期刊10篇，省级期刊15篇。出版专著《草原饮食制作技艺研究》。

副主编简介

张清，男，汉族，本科，中共党员。曾先后任内蒙古商贸职业学院旅游管理系、餐饮食品系党总支书记，2014年调任内蒙古师范大学餐饮管理学院分管教学工作。

曾参与编写了《中国烹饪百科全书》《内蒙古大辞典》《烹饪知识》，是《蒙餐——中国第九大菜系》执行副主编。

现任中国烹饪协会理事、中国饭店协会名厨委员会常务副主席、内蒙古旅游餐饮行业协会名誉会长、餐饮业国家级一级评委、中国资深烹饪大师、中国蒙餐药膳大师、中国高校烹饪技术大赛评委、中华金厨奖获得者，被国际中餐协会授予"红厨帽爱心大师"，荣获内蒙古十大功勋名厨，第五届国际美食文化节暨首届世界烹羊大赛中荣获"特别功勋奖"。2004年被评为全国优秀教师。

赵瑞斌，男，汉族，本科，中共党员，毕业于内蒙古财经大学旅游管理学院，现为内蒙古商贸职业学院烹饪专职教师，师从张清大师。

先后取得中国烹饪大师、中式烹调师高级技师、中式烹调高级考评员、高级营养师等职业资格称号，并担任内蒙古自治区餐饮与饭店行业协会副秘书长。

2008年获得第六届全国烹饪技能大赛内蒙古赛区个人团体银奖，个人热菜制作铜牌；2012年带领学生参加全国职业院校技能大赛高职组烹饪技能比赛获得团体宴席二等奖。

曾参与编写《内蒙古名菜》等教材。

丁冠辉，男，硕士，毕业于扬州大学旅游烹饪学院，"内蒙古烹饪大师"、国家职业技能鉴定高级考评员、内蒙古旅游餐饮行业协会副会长、呼和浩特市商贸旅游职业学校专职教师，先后在内蒙古师范大学、内蒙古商贸职业学院执教。

2009年参加呼市中等职业教育技能大赛教师组烹饪中餐冷拼项目第一名，被授予"技术能手"称号；连续7年指导学生参加呼市中等职业教育技能大赛夺得冷菜拼摆状元。

2012年5月受聘于锡林郭勒职业学院，参与并主导完成蒙餐标准化研发和产业化推广的工作，主持设计开发了石头烤肉、四色黄油卷子、奶豆腐雕刻作品等新式蒙餐菜肴及营养套餐等。

2021年带队参加第十一届中国药膳制作技术大赛，并荣获特金奖。

公开发表等数篇学术论文，参编《宴会设计与管理实务》等教材，编撰《〈饮膳正要〉古法新做》等专著。

网络增值服务

使用说明

欢迎使用华中科技大学出版社医学资源网

1 教师使用流程

（1）登录网址：**http://yixue.hustp.com** （注册时请选择教师用户）

注册 > 登录 > 完善个人信息 > 等待审核

（2）审核通过后，您可以在网站使用以下功能：

浏览教学资源　　建立课程　　　　管理学生　　　布置作业　查询学生学习记录等

教师

2 学员使用流程

（建议学员在PC端完成注册、登录、完善个人信息的操作。）

（1）PC 端学员操作步骤

① 登录网址：http://yixue.hustp.com （注册时请选择普通用户）

注册 > 登录 > 完善个人信息

② 查看课程资源：（如有学习码，请在"个人中心—学习码验证"中先通过验证，再进行操作。）

选择课程

首页课程 > 课程详情页 > 查看课程资源

（2）手机端扫码操作步骤

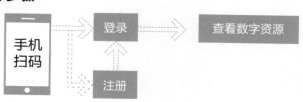

手机扫码 → 登录 → 查看数字资源

注册

近些年,武国栋老师一直致力于内蒙古饮食文化方面的研究,无论是在理论方面还是实践方面均取得了一定成绩。面对已经取得的成绩,武老师总是风趣地说:"我与习近平总书记提出的'蒙古马精神'还有一定距离,还需撸起袖子继续加油干。"从他简短朴实的言语中,我深深体会到一个资深餐饮人对内蒙古饮食文化的情怀与期望。现如今,在武老师的组织与带领下,一支业务精湛、吃苦耐劳、敢于拼搏、甘于奉献的研究团队已经组建完成,这不仅在一定程度上对本教材与相关系列书籍的编写有着积极作用,而且对提高内蒙古高等院校的烹饪理论教学水平、实践技能教学水平以及促进烹饪教育专业教学资源的多元化、实用化与科学化有着重要作用。

谈起内蒙古的特色菜肴,大部分人首先想到的就是红食(肉类食品)和白食(乳类食品)。因为无论是从人们亲临内蒙古的所见所闻,还是从一些相关出版物中,人们接触与了解最多的就是这两类食物。但是,内蒙古美食的内容是非常丰富的,其形成与发展同内蒙古的自然环境、物产资源以及人们的饮食理念与生活习惯等方面均有着紧密关系,如果单纯地以几类代表性的食品作为内蒙古美食的全部,毫无疑问,这是极不全面的。基于此,为了更好地让人们了解和认识内蒙古特色饮食及其所蕴含的优秀传统文化与现代基础科学知识,本教材将当前内蒙古由东到西的特色美食作为研究对象,以言简意赅的文字、图文并茂的形式,系统地阐述了这些传统美食的主辅料搭配、制作工艺流程、具体制作技艺及其所蕴含的烹调工艺学、营养学与审美学等学科的基础知识。通过对当前已出版的相关书籍的学习,本教材力争在内容上做到更全面、知识拓展上做到更丰富、立德树人上做到更明确、教学形式上做到更灵活多样,以求全面直观地展现出内蒙古美食及其制作技艺的特点,并且依靠其所蕴含的传统优秀文化,潜移默化地提高学生的思想道德素养,并规范其行为,进而实现学校教书育人的目的。

因为本教材适用于职业院校餐饮类、旅游类专业,所以本教材在内容的编写过程中十分注重立德树人的育人功能。具体表现为以下几个方面：一是通过对食物的"美"（口味、色泽、气味、造型、装盘）用图片或文字描述，进而提高学生的审美情趣和审美判断，在尚美境界的滋养下使其心情愉悦、健康成长；二是通过对内蒙古物产资源与生态环境的介绍，使学生深刻认识到人与自然"天人合一"的关系、人与食物"生生一体"的关系，进而养成尊重自然、顺应自然、爱护自然的良好美德；三是通过对食品制作技艺的描述，让学生认识到中国传统匠人精益求精的工作态度、吃苦耐劳的职业品质以及勇于创新的进取精神；四是通过对食疗功效的介绍，不仅有助于学生了解我国传统中医理论的基本食疗保健知识，而且有助于提高学生分析问题的能力。总而言之，本教材不仅是一部介绍内蒙古菜肴制作技艺的书籍，亦是一部融知识性、趣味性、实践性与道德素养教育为一体的内蒙古饮食文化基础读本。这些知识，不仅极大地丰富了学生的课外知识，可有效提高课堂教学质量，而且可潜移默化地引导学生树立正确的世界观、人生观、价值观，在学生全面发展的道路上发挥积极的作用。

因编者水平有限，时间紧迫，在编写的过程中难免出现一些错误，还请广大读者朋友们提出宝贵意见，以期再版时逐步完善。

王　猛

目录

第四模块　内蒙古特色热菜的制作工艺　　67

第五模块　内蒙古特色宴席

第一模块

内蒙古饮食概述

扫码看课件

知识目标

1. 了解内蒙古的地理环境特点。

2. 了解内蒙古各盟市的食材资源。

3. 了解内蒙古各地域的饮食文化和习俗。

能力目标

通过学习本模块,学生应熟知内蒙古地理环境的特点,熟知内蒙古各盟市出产的特色食材和烹饪技术运用过程,熟知内蒙古各盟市的饮食文化和习俗,为更好地制作内蒙古风味菜肴打下坚实的基础。

单元一 内蒙古地理环境介绍

内蒙古自治区(简称内蒙古)地处祖国正北方,由东北向西南呈半弧状,基本属于高原型的地貌区,全区总面积118.3万平方公里,约占全国土地总面积的12.3%。

内蒙古北部和东北部与蒙古国及俄罗斯接壤,边境线超过4200千米。内蒙古由东向南再向西依次与黑龙江、吉林、辽宁、河北、山西、陕西、宁夏、甘肃八省区相邻,地域跨越东北、华北、西北,邻近北京和天津。

内蒙古从东向西由森林、草原、沙漠等地貌构成,其中草原地貌分布较广,并且以草甸草原、森林草原、典型草原、荒漠草原、草原化荒漠等多种形态存在,所处的地理位置和地形特点形成了温带高原半干旱、干旱气候的特点。冬季漫长严寒,夏季时间较短。冬季与春季多有大风天气,夏秋季节多雨,昼夜温差较大。

内蒙古大小河流很多,较大的河流有黄河、额尔古纳河、嫩江、西辽河等,此外还有流量较小的季节性河流,黄河由宁夏进入内蒙古境内,在区内呈"几"字形,孕育了富饶的河套平原。

Note

单元二　内蒙古的食材资源

内蒙古地域辽阔,资源丰富,是我国重要的商品粮生产基地,天然草场有13.2亿亩。牲畜种类较多,良种资源丰富,牲畜数量居全国首位,是我国重要的畜牧业基地。茂密的林业资源也为内蒙古提供了丰富的食材品种。

内蒙古常见的各类食材可分为以下几类。

一、粮油类

内蒙古常见的谷物粮油食材主要包括小麦、玉米、谷子、黍子、高粱、藜麦、大豆、小杂豆、扁豆、豌豆、绿豆、荞麦、燕麦、水稻等品种。其中巴彦淖尔河套小麦为中国优质小麦品种,乌兰察布燕麦为内蒙古"三宝"之一,通辽荞麦远销日本等国家,兴安盟大米是北方水稻的优质品种,巴彦淖尔的葵花及葵花籽油、内蒙古中西部的胡麻油和菜籽油是优质的植物油品种。

二、畜牧产品

畜牧业是内蒙古的支柱产业,主要由牛、马、驼、绵羊、山羊和猪、鸭、鹅、鸡、肉兔和獭兔等品种组成。常见的品种有三河马、锡林郭勒马、三河牛、中国黑白花奶牛、草原红牛、科尔沁牛、乌珠穆沁牛、阿拉善双峰驼、苏尼特双峰驼、呼伦贝尔细毛羊、鄂尔多斯细毛羊、科尔沁细毛羊、内蒙古细毛羊、敖汉细毛羊、乌珠穆沁白绒山羊、罕山白绒山羊、乌珠穆沁肉羊、中国美利奴羊、滩羊、内蒙古黑猪、内蒙古白猪、河套大耳猪等。

牛奶、羊奶和驼奶作为畜牧业的衍生品已成为内蒙古食材中非常重要的一部分,除直接饮用外,还可以制成多种多样的奶制品。

三、水产品

内蒙古全区各水域盛产鱼类,共计约110种,其中重要经济鱼类有鲤鱼、鲫鱼、草鱼、鲢鱼、鳙鱼、鳊鱼、鲂鱼、鲶鱼、鳜鱼、狗鱼、细鳞、哲罗鲑、白鲑、雅罗鱼、大银鱼、红鳍鲌、蒙古红鲌、细鳞斜颌鲴等,其他水生经济动物有河虾、甲鱼、河蚌等。

四、调味品

内蒙古盛产各种风味独特的调味品。天然调味品有小茴香、辣椒、扎蒙蒙花、韭菜花、沙葱、红葱、百里香等,加工调味品有大酱、酱油、米醋、酱面子、黄酒、辣椒油等,还有既是食材也是调味品的麻籽豆腐、酸粥、酸奶、小蒜等。此外内蒙古具有优质的甜菜资源,为内蒙古的制糖业提供了优质的原料。

五、蔬菜果品

近年来随着种植技术地不断发展,内蒙古已经告别了土豆、白菜、萝卜"老三样"时代,丰富的蔬菜品种不仅满足了内蒙古本地区的需求,同时向国内外市场输送,在众多的蔬菜品种中,尤以乌兰察布的马铃薯、巴彦淖尔的番茄以及乌兰察布的胡萝卜出名。此外,巴彦淖尔的黑瓜子既是优质的油料资源,也是可口的干货食材。

内蒙古各地均有优质的水果满足市场需求。乌海市、阿拉善盟、呼和浩特托克托县的葡萄久负盛名,清水河县的沙棘是制作沙棘饮品的优质果源,河套的瓜果更是独具风味,兴安盟的小沙果不仅是季节鲜果,加工成果干后也是市场上的畅销品。

六、加工产品

内蒙古的加工性食材主要有奶制品、干制品、腌制品、酿造品、熏制品、面食等组成。奶制品有奶豆腐、奶皮子、奶渣子、酸奶、马奶酒、黄油等;干制品有风干牛肉、风干羊肉、风干排骨等;腌制品有韭菜花、红腌菜、咸菜干、腌制卜留克等;酿造品有酱油、米醋、黄酒、大酱等;熏制品主要有卓资山熏鸡、熏兔等;面食主要有巴彦淖尔延面、武川莜面、兴安盟苋菜面、通辽荞面等。

七、山珍野味

内蒙古的山珍野味品种丰富。野菜类有蕨菜、黄花菜等;蘑菇菌藻类有口蘑、猴头菇、猪嘴蘑、花脸香蘑、木耳、发菜、地皮菜等;动物类有黑蚂蚁、哈士蟆等;常见的坚果类有山杏、榛子、松子等;中草药类以白芍、赤芍、山参、甘草、黄芪、肉苁蓉、锁阳、巴戟、车前草、柴胡、麻黄等富有特色。

内蒙古特产奶制品奶皮子

内蒙古特产药用食材肉苁蓉

单元三 内蒙古饮食文化

内蒙古饮食文化属于中北地区饮食文化圈,与之相交融的是西北地区饮食文化圈、东北地区饮食文化圈等,与之相接壤的是蒙古国和俄罗斯饮食文化。

内蒙古饮食文化是由气候特征、地理物产、历史积淀、经济活动、工农林牧渔业发展、民族构成、文化留存等要素的积累形成的。

一、内蒙古饮食文化的构成元素

内蒙古饮食文化由多种元素构成。首先是民族元素,是由自治区内汉族、蒙古族、回族、满族、朝鲜族、鄂伦春族、达斡尔族、鄂温克族等多个民族,在漫长的历史发展过程中,所形成的既独具特色又相互团结、包容,兼收并蓄的多民族共同体饮食文化。其次是物产资源元素,狭长的地理特征和特别的气候条件形成了各地域独特的食材及饮食风俗,如从东端的呼伦贝尔市到西端的阿拉善盟,跨越 2879 千米,包含草原、沙漠、丘陵、平原、河流等多种地理地貌,出产的白蘑、莜麦、肉苁蓉等农林牧渔产品各具特色。再次是经济发展元素,在内蒙古区内的游牧经济、农耕经济、服务业经济、工业经济等经济结构下,形成了不同需求、不同特色、不同餐次的饮食文化。最后是区内外交流元素,内蒙古与黑龙江、吉林等八省区,蒙古国、俄罗斯接壤,国内与国际间的交流使内蒙古饮食文化呈现多样化特色。

二、内蒙古饮食文化的独特性

❶ 绿色天然的食材

内蒙古的食材具有天然、无污染的特点,从东部地区的山林野菜到大草原的牛羊畜牧产品,再到中西部地区黄土高原的绿色种植产品,传统的游牧生活方式和农耕文明以及自然的地理气候条件孕育了散养牛羊、山地谷物等多种天然食材,使每一样食材都散发着原始、天然的味道。

❷ 传统自然的烹饪方法

内蒙古的菜肴制作方法讲求自然,一方面表现在烹饪方法多为烤、煮、蒸、炖等传统之法,另一方面表现在烹饪时添加的调味品较为简单,多为定色增香的天然调味料,如花椒、八角、酱油、米醋、葱、姜、蒜等,较少使用浓烈的辛香类调味品,所以内蒙古菜肴的整体风味呈现出浓厚平和的特征。

❸ 简单质朴的菜肴点心饮食结构

内蒙古的饮食结构较为简单,在很多家庭,一餐饭往往是主食和副食混合烹调,如"焖锅面"等,或是只做一个主菜,如"大烩菜"等。近年来,随着食材供应的丰富性增强,加上人们更加注重饮食结构的合理性,还有餐饮企业的积极推动,内蒙古的饮食结构也呈现出多样性。

④ 多民族团结融合发展的饮食文化

内蒙古由汉族、蒙古族、满族、回族、达斡尔族、鄂温克族、鄂伦春族、朝鲜族等49个民族组成。在历史发展的漫漫长河中,各民族既保留了各自的饮食文化传统,又相互团结、包容,形成了内蒙古饮食文化的多样化特色。

⑤ 风格独特的餐饮器具和手工艺制品

内蒙古的餐饮食器有其独特性,既有汉族传统的瓷器、铜器、砂锅等器皿,也有蒙古族、鄂伦春族、回族等民族特色的木制器皿、桦树皮器皿,还有内蒙古地区广泛使用的银制餐具和皮革制品。

⑥ 服务于游牧生活和农耕生产的便携式食品

受游牧生活和农耕生产方式的影响,内蒙古出现了很多便携式食品。一部分是为了在食材最佳生产季节延长其保质期而发明的"牛肉干""奶皮子""奶渣子"等,还有一部分是为了形成特殊风味的"炒米""粿条""糖麻叶"等,还有为了旅途方便而制作的"背锅子饼""混糖月饼"等食品。

内蒙古特色餐具木碗

内蒙古特色奶制品干奶酪

三、内蒙古饮食文化的关键地区

① 呼和浩特的市井商贾和小吃饮食文化

呼和浩特的旧城即归化城,形成了带有休闲韵味的市井商贾饮食文化。呼和浩特的新城即绥远城,多民族在此居住,最具特色的是满族人民所带来的"甜窝窝"等传统美食。

呼和浩特的"羊肉大葱烧卖"是休闲饮食文化的代表之作,早在清朝时,当地的烧卖就已名扬京城(现北京)了。当时,北京前门一带,烧卖的饭馆门前悬挂的招牌上,往往标有"归化城烧卖"字样。外地客人来到呼和浩特,都要品尝一下烧卖才算不虚此行。烧卖制作工艺独特,选料精良,皮劲道而薄,羊肉馅肥瘦适中,葱姜等佐料齐全。烧卖出笼,鲜香四溢。观其形,只见皮薄如蝉翼、晶莹透明,用筷提起垂垂如细囊,置于盘中团团如小饼,吃起来香而不腻,可谓食中美餐,形美而味浓。呼和浩特的烧卖,过去专作早点之用,多由茶馆经营,如今,已成为许多饭馆的必备食品和家庭常食美餐了。

呼和浩特的回民区属于市政规划行政区，居民中回民占有较大的比例，其饮食习俗与西北回族的相近。回民区的饮食除常见的清真大菜外，还有"稀果子干"等小吃，独具特色的"羊头肉""牛下水""羊杂碎"等酱卤。由"焙子""蜜麻叶""糖枣"组成的干货系列是回民区饮食的一大特色。每逢年节，回民区的"月饼""裹粉元宵""江米大枣粽子"往往供不应求。

呼和浩特风味小吃烧卖

②　阿拉善盟的西北风味与沙漠饮食文化

阿拉善盟的饮食文化独具特色，既有传统的"梭梭木烤全羊"等传统地方大菜，也有"阿拉善王府宴"等非遗名宴，还有受宁夏、甘肃和陕西影响的西北风味，其中"拉面""牛肉夹板锅""面肺子"等均为西北地区的传统饮食品种。阿拉善盟地区也利用地方特色食材制作了"沙米粥""锁阳饼"等地区专属特色饮食。

③　锡林郭勒盟的蒙古族草原饮食文化

锡林郭勒盟是内蒙古蒙古族饮食文化传承较好的地区。生活是从清晨的一碗热腾腾的奶茶开始的。锡林郭勒盟的早茶非常丰盛，不仅有浓香的奶茶，还有冷切的"手扒肉""焖牛大骨"和"粿条""馓子""酸奶饼""羊肉馅饼""羊肉面"等主食，当然更少不了"奶豆腐""奶皮子"等奶制品。锡林郭勒盟的奶茶有茶壶装的，还有锅装的，锅装的奶茶还会加入牛肉干、炒米、粿条、黄油、奶皮子等一起熬煮，烧开后满屋飘香。酒量好的人或招待外地来宾时，早茶是一定要喝酒的。

除了丰盛的早茶，风味纯正的蒙餐也是锡林郭勒盟饮食文化的代表。不仅有传统的手扒肉，还有很多独具地方特色的饮食，如"奶豆腐饺子""酸奶面""石头烤肉""羊血肠包子"等。

④　乌海市、巴彦淖尔市、鄂尔多斯市、包头市的沿黄河饮食文化

黄河流经内蒙古的乌海市、巴彦淖尔市、鄂尔多斯市、包头市、呼和浩特市托克托县与清水河县，充沛的水资源为沿黄河流域及河套平原农业耕种带来了先天的优势，葵花、小麦、玉米、黍子均为这一地区特产优质食材，因而形成了独特的饮食文化。

乌海市、巴彦淖尔市、鄂尔多斯市等地的饮食文化受甘肃、宁夏、陕西等西北省区的影响，如"肉焙子""拉面""面筋""拼三鲜"均为西北风味，当地居民也利用地方特色食材制作了"白彦花肉勾鸡""炒黑猪肉""炖山羊肉""河套硬四盘"等地方名菜。

面食是这一地区的主要食物，如"焖锅面""拉面""刀削面""糕圐圙""油炸糕""莜面""豆面"等，不胜枚举。"焖面"是其中一绝，其做法是先在锅中放入羊肉、猪肉、排骨、牛肉、五花肉、豆角、土豆等食材煸炒，再加入汤汁和调料，最后放入专门擀制的硬面条，小火慢慢焖至锅中水分收干即可食用。

⑤　通辽市与兴安盟、赤峰市、呼伦贝尔市的东北饮食文化

通辽市与兴安盟、赤峰市、呼伦贝尔市的饮食文化与东三省几乎完全一致，在保持

巴彦淖尔市特色小吃面筋

东北风味的同时,各盟市也孕育了自己独特的菜肴,如"布里亚特包子""抹羊血汤""排骨芸豆炖柳蒿芽""土豆炖哈拉海""大酱菜包饭""赤峰对夹"等别具地方风味。满洲里市与俄罗斯接壤,整个城市的建设和饮食风味也充满了俄罗斯风情。阿尔山是个独特的地方,这里不仅有温泉,还有冷水大鲫鱼等特产,借助兴安岭的特产资源,盛产黄蘑、黑蚂蚁、桔梗菜、山蕨菜等野味佳肴。

特色小吃赤峰对夹

⑥ 中西部地区的山西饮食文化

这一地区包括呼和浩特市、包头市和乌兰察布市,这里的饮食习俗与山西北部几乎完全一致。

乌兰察布市是莜面的主要产地之一,其莜面做法有数十种,包括制作成窝窝、条条、鱼鱼、囤囤、拿糕、饺饺、窝窝、丸丸、馄饨、猫耳朵、山药扁鱼子等,风味各有千秋。

莜面有两种吃法,可以选择热吃(配热汤)和凉吃(配凉汤)。热汤是用热羊汤、熟土豆,再加入其他调料配汤而成,凉汤是用各种蔬菜(包括熟土豆块、黄瓜丝、尖椒丝、葱丝等)冷调、凉拌配汤而成。莜面菜肴种类中的囤囤是乌兰察布市莜面的一大特色,囤囤也称为莜面菜卷,是将和好的莜面拼成薄薄的面片,然后将切好的土豆丝、胡萝卜丝和少许的葱丝均匀铺在面片上,最后将面片叠翻起来并滚成"卷",用刀切成半寸长的小段放在笼内上锅蒸熟即可食用。看着装在小笼屉里一笼笼热腾腾的莜面,选出自己喜爱的几种,放在汤碗里蘸着热汤或凉汤一同食用,味道真是美极了。

烩菜是这一地区人们非常喜欢的民间菜肴,也是当地每个家庭生活中的"必需品"。烩菜的制作随意而丰俭由人,可以制作白菜、豆腐、土豆、粉条的素烩菜,也可以加入羊肉、猪肉、牛肉、排骨等,并根据个人的喜好加入豆角、土豆、宽粉、南瓜、酸菜、白菜、洋葱和调料。烩菜讲究的是融合和简单,搭配的最佳主食是蒸饼或胡麻油花卷。

内蒙古特色莜面围围

内蒙古特色莜面窝窝

四、内蒙古的宴会饮食文化

❶ 诈马宴

诈马宴是元代宫廷的内廷大宴,它在中国饮食文化上的地位可与满汉全席媲美,因历史上的诈马宴需耗时 3 日,所以现在内蒙古的饮食研究人员根据蒙元文化的记载,结合现代健康饮食消费理念,以历史上著名的"蒙古八珍"为基础,将民族歌舞表演和民族文化礼仪贯穿宴会始终,重新设计了符合现代饮食需求的诈马宴。

诈马宴在进行宴会菜单设计时,以先"白食"再"红食"的进餐顺序为设计标准,结合民族歌舞表演,采用分餐制的模式进餐。宾客在进餐时是单人单桌,所有菜点均为小份单人制。在进餐顺序上是每表演一个歌舞节目再上一道菜,菜点全部上齐之后会预留一段宾客自由交流的时间。

诈马宴共分为三个乐章,每个乐章又分为若干个小环节。

第一乐章——迎宾仪式:在此环节前,宾客需统一换好特制的质孙服,根据性别和年龄以及与宾主关系会有不同的服饰,之后才可以统一列队享受欢迎仪式。欢迎仪式上,宾客要接受宾主敬献的马奶酒,并品尝奶制品,然后按照设计好的座次按序落座。

第二乐章——宴会正餐活动:在此乐章进行时要先由主持人邀请宾主方的尊贵长者宣读祖训,再由宾主致欢迎辞,接下来就是按照歌舞节目与菜点的组合顺序进行正式宴会。在此乐章中最重要的环节就是要为宴会的主菜烤全牛或烤全羊进行剪彩,可由宾主邀请尊贵的客人进行剪彩、讲话、送祝福、敬酒等。

第三乐章——欢送宾客:此乐章的进行是在歌舞表演已经结束,所有菜点已经上齐,宾客之间已经充分交流之后才开始,采用的方式为宾主邀请宾客在全体演职人员的伴唱下进行围绕篝火的跳舞活动,之后就

诈马宴主菜烤全牛剪彩

可以由主持人宣布本次诈马宴正式结束。

❷ 全羊宴

"羊文化"对中华传统文化观念的形成和民俗民风产生了深远影响。从中国汉字的研究中,最早可见的文字资料表明,殷商时期已经"六畜"俱全,而在《甲骨文字典》里,以马、牛、羊、鸡、犬、豕这"六畜"为字根的汉字中,以羊为部首的字个数最多,如羊大为美、羊鱼为鲜、羊食为養(养)、羊言为善、羊我为義(义)……这些汉字渗透着"羊文化"的美好寓意。

羊肉是广受消费者喜爱的肉食产品之一。羊肉菜点中有很多名肴佳品,以全羊作席是鸿宾楼等国内餐饮名店流传已久的名宴,一桌全羊宴108道菜,全部以羊肉或用羊的不同部位作配料制作而成,每道菜用羊肉却不带一个"羊"字,体现了我国烹饪工作者高超的技艺和深厚的饮食文化功底。

全羊宴主题宴会是以吉祥的羊文化为背景,以全羊菜肴为宴会主体的一次面对消费者的特色宴会。

传统全羊宴菜式有108道之多,为达到突出宴会文化,又能够突出地域饮食特色的目的,同时结合现代人的饮食习惯,对传统菜式进行了精选,并搭配了蔬菜和谷物等食材,浓缩成了现代版全羊宴。

❸ 圆锁宴

圆锁宴是河南、山西、内蒙古和陕西地区的一种风俗,是指在儿童过12周岁生日时要大办宴席。

"圆锁"和"弱冠""及笄"同义,是在儿童12周岁生日举行的一种仪式。在生日当天,要摘掉出生时佩戴的长命锁,这一仪式标志着儿童步入少年。

举办圆锁宴一般由姥姥家做主举办,所以宴会当天来自儿童母亲一方的姥姥、舅舅、小姨被称为"主家",参加的宾客可分为嫡亲和朋亲两大类。圆锁仪式一般在中午举行,开锁仪式先是由姥姥等亲戚往儿童头上套一个面圈,面圈是用发酵的小麦面粉制作的十二生肖等小动物,当地的司仪会在套面圈时说一些吉祥话,面圈只是套一下即可,接下来是儿童父亲一方的亲戚,如奶奶、姑姑等举行套面圈仪式。面圈是由各家各自准备好带过来的,现在也多为统一定制。仪式完成后面圈可以在宴会中分发食用,也分给亲朋好友带回去食用,寓意分享祝福。

套面圈之后的礼仪在各地略有不同。内蒙古中部的城市会有儿童的同学组队赠送礼物并表达祝福,儿童的父母(俗称东家)要给他们回赠礼物,之后还有切蛋糕、儿童和父母发表感言等环节,最后就开始正式的圆锁宴了。

圆锁宴的菜点和酒水安排与婚礼宴等没有太大的区别,但是一定要有一盘油炸黄米糕。宴会会把儿童的同学单独安排在一个区域进餐,所安排的菜单结构也多为儿童们爱吃的菜点。

❹ 莜面宴

莜麦是一年生草本植物,成熟后磨成粉方可食用,磨成的粉就叫莜面,也叫裸燕麦面或莜麦面。莜面是河北省张家口市、山西省北部大同盆地地区以及内蒙古土默川平原及阴山山地、乌兰察布市南部的特色食品。

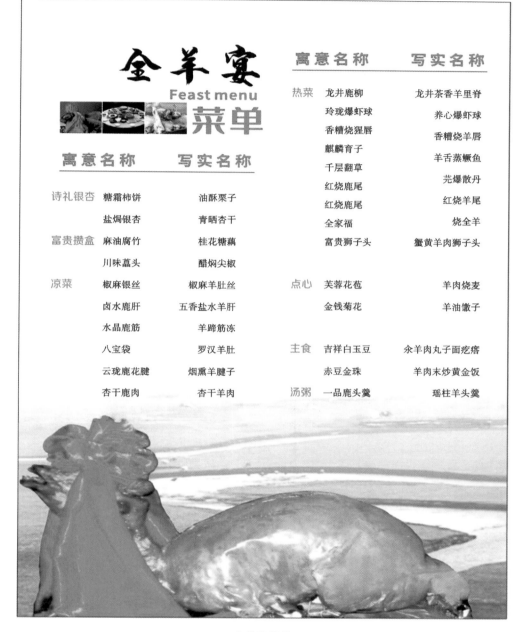

	寓意名称	写实名称		寓意名称	写实名称
			热菜	龙井鹿柳	龙井茶香羊里脊
				玲珑爆虾球	养心爆虾球
				香糟烧猩唇	香糟烧羊唇
				麒麟育子	羊舌蒸鳜鱼
诗礼银杏	糖霜柿饼	油酥栗子		千层翻草	芫爆散丹
	盐焗银杏	青晒杏干		红烧鹿尾	红烧羊尾
富贵攒盒	麻油腐竹	桂花糖藕		红烧鹿尾	烧全羊
	川味蒜头	醋焖尖椒		全家福	
凉菜	椒麻银丝	椒麻羊肚丝		富贵狮子头	蟹黄羊肉狮子头
	卤水鹿肝	五香盐水羊肝	点心	芙蓉花苞	羊肉烧麦
	水晶鹿筋	羊蹄筋冻		金钱菊花	羊油馓子
	八宝袋	罗汉羊肚	主食	吉祥白玉豆	氽羊肉丸子面疙瘩
	云珑鹿花腱	烟熏羊腱子		赤豆金珠	羊肉末炒黄金饭
	杏干鹿肉	杏干羊肉	汤粥	一品鹿头羹	瑶柱羊头羹

全羊宴菜单

　　莜面宴是内蒙古中西部地区根据餐饮市场和旅游市场需求开发出来的新型特色宴会。宴会以莜面作为主料，分为凉菜、热菜、主食三大类，搭配羊肉、猪肉、鸡肉、蔬菜等食材，每个大类的主要品种均是由莜面制作而成，采用蒸、炸、氽、烙、炒等烹调方法，形成数十个品种的莜面宴。常见的品种有凉拌莜面、莜面饸饹、莜面窝窝、莜面鱼鱼、莜面敦敦、莜面饺饺、金棍、莜面丸丸、插花片片、爆渣子、炒莜面、莜面傀儡等各具特色的菜品。在吃法上有直接食用的，如莜面饺饺，也有需要蘸汤食用的，此外还有需要搭配炭

11

火烧茄子、蒸土豆片、烂腌菜等配菜。莜面的蘸汤非常讲究,常见的有黄瓜丝凉汤,也有肥羊肉蒸汤、猪肉蘑菇汤等。

5 婚礼宴

内蒙古的婚礼宴分为三大类型,一是中西部地区的汉族婚礼宴,二是各盟市各具特色的蒙古族婚礼宴,三是东部地区汉族婚礼宴。随着内蒙古区内多民族的融合发展,宴会的发展也成为多民族文化融合的舞台。

蒙古族婚礼宴的菜点搭配以羊肉为主,讲究礼节,场面隆重宏大,菜单结构以奶制品、牛肉、羊肉、谷物为主,鄂尔多斯地区的婚礼宴还会以羊背子作为主菜。

中西部地区的汉族婚礼宴要有全鸡、全鱼,并且要猪、牛、羊、鸡、鸭、鱼,品种齐全,还讲究有八宝饭作为五谷丰登之意的甜菜,最后要上一盘十喜丸子代表着十全十美、团团圆圆。中西部地区的汉族婚礼宴有几种饮食品种具有非常特殊的地位,不论宴会档次的高低,这几种饮食品种均有,一个是凉拌绿豆芽粉条,另一个是油炸黄米糕。此外举办婚礼宴的东家还会在家里准备早餐,品种除了上述两种外,还有一个就是粉汤了。粉汤讲究的是料全,通常有粉条、豆腐条、海带丝、黄花菜、胡萝卜丝、熟肉丝等,而且熬制粉条的人往往是家族中烹调手艺最好的人。

东部地区汉族的婚礼宴与东三省的婚礼宴相似,菜肴也以东北风格为主,有些地区的开宴时间很早,大约在早上 8:00 就开始。

第二模块

内蒙古特色食材的
加工工艺

知识目标

1. 了解内蒙古特色食材的品性。
2. 掌握内蒙古特色食材的加工方法。
3. 掌握内蒙古特色食材的烹饪运用。

能力目标

　　通过学习本模块,学生应熟知内蒙古特色食材的品性,掌握内蒙古特色食材的加工流程,熟知内蒙古特色食材的烹饪运用,为更好地制作内蒙古菜肴打下坚实的基础。

单元一　内蒙古特色植物性食材的加工工艺

一、口蘑干制品的涨发工艺

❶ 口蘑干制品涨发的流程

热水泡发→剪去老根→温水浸泡

❷ 口蘑干制品涨发的步骤及注意事项

加工设备、工具		不锈钢盆、不锈钢盖、电子秤、大水瓢、保鲜盒等。
原料	主料	口蘑干制品。
	调辅料	无。
涨发工艺具体流程		步骤1:将口蘑干制品放入盆内,加热水泡0.5 h,原汤滗出用纱布过滤,留作他用; 步骤2:热水泡发后的口蘑去除杂质,剪去老根,再用温水浸泡备用; 步骤3:将浸泡好的口蘑换清水放入保鲜盒内,冷藏保存。
注意事项		(1)口蘑泡软后要去除杂质,剪去老根; (2)泡制口蘑的汤水要过滤后再利用,切不可倒掉。

口蘑干制品

二、猴头蘑干制品的涨发工艺

1 猴头蘑干制品涨发的流程

温水浸泡→剪去老根→蒸制

2 猴头蘑干制品涨发的步骤及注意事项

加工设备、工具		不锈钢盆、不锈钢盖、电子秤、大水瓢、保鲜盒、灶台、锅等。
原料	主料	猴头蘑干制品。
	调辅料	葱、料酒、高汤。
涨发工艺具体流程		步骤1：将猴头蘑干制品放入盆内,加温水浸泡12 h,待猴头蘑回软时捞出； 步骤2：温水泡发后的猴头蘑去除杂质,剪去老根,洗净后放入容器中待用； 步骤3：向放有猴头蘑的容器里加入高汤、葱段、料酒蒸至软烂备用,如果一次性用不完可冷却后放入保鲜盒内,冷藏保存。
注意事项		(1)猴头蘑泡软后要去除杂质,剪去老根； (2)猴头蘑属于高档食材,泡发好后还需用高汤上笼蒸制,增加其鲜味。

猴头蘑干制品

三、贺兰山蘑干制品的涨发工艺

1 贺兰山蘑干制品涨发的流程

温水泡发→剪去老根→温水浸泡

2 贺兰山蘑干制品涨发的步骤及注意事项

加工设备、工具		不锈钢盆、不锈钢盖、电子秤、大水瓢、保鲜盒等。
原料	主料	贺兰山蘑干制品。
	调辅料	无。
涨发工艺 具体流程		步骤1：将贺兰山蘑干制品放入盆内，加温水浸泡1 h左右，原汤滗出用纱布过滤，留作他用； 步骤2：温水泡发后的贺兰山蘑去除杂质，剪去老根，再用温水浸泡备用； 步骤3：如果一次性用不完可冷却后放入保鲜盒内，冷藏保存。
注意事项		（1）贺兰山蘑泡软后要去除杂质，剪去老根； （2）泡制贺兰山蘑的汤水要过滤后再利用，切不可倒掉。

贺兰山蘑干制品

四、白蘑干制品的涨发工艺

1 白蘑干制品涨发的流程

冷水浸泡→剪去老根→清水浸泡回软

2 白蘑干制品涨发的步骤及注意事项

加工设备、工具		不锈钢盆、不锈钢盖、电子秤、大水瓢、保鲜盒等。
原料	主料	白蘑干制品。
	调辅料	无。
涨发工艺 具体流程		步骤1:将白蘑干制品放入盆内,加冷水浸泡0.5 h,原汤滗出用纱布过滤,留作他用; 步骤2:冷水泡发后的白蘑去除杂质,剪去老根,再用清水浸泡备用; 步骤3:将浸泡好的白蘑换清水后放入保鲜盒内,冷藏保存。
注意事项		(1) 白蘑泡软后要去除杂质,剪去老根; (2) 泡制白蘑的汤水要过滤后再利用,切不可倒掉。

白蘑干制品

五、蕨菜干制品的涨发工艺

1 蕨菜干制品涨发的流程

温水泡发→剪去老根→热水浸泡

2 蕨菜干制品涨发的步骤及注意事项

加工设备、工具		不锈钢盆、不锈钢盖、电子秤、大水瓢、保鲜盒等。
原料	主料	蕨菜干制品。
	调辅料	无。
涨发工艺 具体流程		步骤1:将蕨菜干制品放入盆内,加温水浸泡0.5 h,去除杂质,剪去老根,再用热水浸泡回软备用; 步骤2:将浸泡好的蕨菜换清水后放入保鲜盒内,冷藏保存。
注意事项		(1) 蕨菜泡软后要去除杂质,剪去老根; (2) 蕨菜浸泡的时间一般情况下为2~3 h。

蕨菜干制品

六、柳蒿芽的加工工艺

① 柳蒿芽的加工流程

清洗→焯水→储存

② 柳蒿芽加工的步骤及注意事项

加工设备、工具		不锈钢盆、不锈钢盖、电子秤、保鲜盒、灶台等。
原料	主料	柳蒿芽。
	调辅料	无。
加工工艺具体流程		步骤1:将柳蒿芽老叶择干净,再用清水洗干净待用; 步骤2:将清洗干净的柳蒿芽放入沸水锅中焯水至软,然后捞出反复漂洗3～5次,沥净水待用; 步骤3:沥净水的柳蒿芽烹饪时可直接使用,没有用完的可放入保鲜盒冷藏。
注意事项		(1) 柳蒿芽也可以晒干,搓碎后用水冲服,也能起到很好的效果; (2) 柳蒿芽焯完水后,要反复漂洗3～5次方可冷藏。

柳蒿芽

七、哈拉海的加工工艺

① 哈拉海的加工流程

清洗→焯水→储存

② 哈拉海的加工步骤及注意事项

加工设备、工具		不锈钢盆、不锈钢盖、电子秤、大水瓢、保鲜盒、灶台、皮手套等。
原料	主料	哈拉海。
	调辅料	无。
加工工艺具体流程		步骤1：戴上皮手套将采摘回来的哈拉海择洗干净待用； 步骤2：将择洗干净的哈拉海放入热水锅中焯透捞出，沥净水分待用； 步骤3：将沥净水的哈拉海放入保鲜盒内，冷藏保存。
注意事项		(1) 采摘和清洗哈拉海时必须要戴皮手套； (2) 储存方式除了焯水后冷藏保存外，也可以晒干后储存。

哈拉海

八、沙葱的加工工艺

① 沙葱的加工流程

沙葱初加工→焯水或腌制→储存

② 沙葱的加工步骤及注意事项

加工设备、工具		不锈钢盆、不锈钢盖、电子秤、大水瓢、保鲜盒、缸等。
原料	主料	鲜沙葱。
	调辅料	无。

续表

加工工艺 具体流程	步骤1：择去鲜沙葱老叶后清洗干净，沥净水待用； 步骤2：将洗干净的沙葱焯水、投凉后凉拌、制馅或直接腌制均可； 步骤3：沙葱包装好可冷藏5个月之久。
注意事项	（1）沙葱一定要清洗干净，否则会带入沙粒，影响口感； （2）沙葱洗净后可以放在缸里撒盐直接腌制，口感亦佳。

鲜沙葱

九、莜麦的加工工艺

① 莜麦的加工流程

炒熟→烫熟→蒸熟

② 莜麦加工的步骤及注意事项

加工设备、工具		不锈钢盆、不锈钢盖、电子秤、大水瓢、保鲜盒、灶台、蒸笼等。
原料	主料	莜麦。
	调辅料	无。
加工工艺 具体流程		步骤1：将莜麦淘洗干净，然后晾干水分，放入锅中小火炒熟，放入磨面机磨制成面粉待用； 步骤2：取一个不锈钢盆，称好莜面的重量，然后称与莜面同样重量的热水加入莜面中，然后搅拌均匀，和成面团，揉出莜面当中的气即可； 步骤3：将和好的莜面面团制成不同形状的莜面产品，放入蒸笼蒸熟即可。
注意事项		（1）莜面必须经过三熟，即炒熟、烫熟、蒸熟； （2）烫制莜面时水和莜面的重量比例为1∶1； （3）蒸熟的莜面可凉食也可热食。

莜麦

十、红腌菜的加工工艺

① 红腌菜的加工流程

腌酸的蔓菁改刀晾晒→原汤煮制→晒制

② 红腌菜的加工步骤及注意事项

加工设备、工具		不锈钢盆、不锈钢盖、电子秤、大水瓢、保鲜盒、灶台等。
原料	主料	腌酸的蔓菁。
	调辅料	干辣椒、醋、酱油。
加工工艺具体流程		步骤1：腌酸的蔓菁捞出切成片或丝均可，然后将其摊在塑料布上晒到八成干时收起待用； 步骤2：用原来腌制蔓菁的盐卤水煮制晒干的蔓菁片或条，煮的时候可以增加其他调味品，如辣椒、醋、酱油等； 步骤3：将煮熟的蔓菁再次摊在塑料布上晒干即成红腌菜，吃时可用开水泡软后食用。
注意事项		（1）红腌菜必须晒制2次； （2）吃红腌菜时需要用开水泡软； （3）红腌菜可以当凉菜，也可以同酸粥炒在一起吃，别具风味； （4）红腌菜还可以放入冰糖做成"冰糖红腌菜"。

红腌菜

单元二　内蒙古特色动物性食材的加工工艺

一、驼峰干制品的涨发工艺

①驼峰干制品涨发的流程

> 凉水浸泡→反复焖煮→热水浸泡

②驼峰干制品涨发的步骤及注意事项

加工设备、工具		不锈钢盆、不锈钢盖、电子秤、大水瓢、保鲜盒、灶台等。
原料	主料	驼峰干制品。
	调辅料	无。
涨发工艺 具体流程		步骤1：将驼峰干制品先用冷水浸泡至回软后待用； 步骤2：泡软后的驼峰放在锅内，加足水，用慢火煮制24 h，然后反复焖煮直至发透； 步骤3：将发透的驼峰用热水浸泡，泡到用手按之有弹性时即可。
注意事项		（1）煮制时间较长，需要随时查看，防止烧干； （2）由于驼峰膻味较重，发好后需要多换几次水泡制； （3）热水浸泡后一定要达到用手按之有弹性时才行。

骆驼

二、驼蹄干制品的涨发工艺

❶ 驼蹄干制品涨发的工艺流程

驼蹄去油及初加工→改刀分开驼掌和驼膀→驼掌和驼膀蒸制→冷藏保存

❷ 驼蹄干制品涨发的步骤及注意事项

加工设备、工具		不锈钢盆、不锈钢盖、电子秤、大水瓢、保鲜盒、皮手套、大锅等。
原料	主料	驼蹄干制品。
	调辅料	食用碱、高汤、葱段、姜片、料酒、鸡腿。
涨发工艺 具体流程		步骤 1：将驼蹄干制品用热碱水洗去油污，温水洗净，放入冷水锅中用慢火焖煮约 6 h，捞出去毛和老茧； 步骤 2：从驼蹄的下面划开取出两块驼掌，然后将驼膀和驼掌洗净； 步骤 3：驼膀再次放入锅中，焖煮至断生，去掉肥肉和脆骨，放入盆内加入高汤、料酒、葱段、姜片，上蒸笼蒸至熟烂待用，再将取出的驼掌放入盆内加入高汤、葱段、姜片、料酒、鸡腿，上蒸笼蒸至软烂、富有弹性时取出待用； 步骤 4：将蒸好的驼掌用保鲜袋装好冷藏即可。
注意事项		（1）驼蹄必须焖煮 6 h 以上； （2）驼掌必须用高汤蒸透； （3）驼掌涨发好后一般采用扒或烧的烹调方法制作。

发好的驼掌

三、蹄筋干制品的涨发工艺

❶ 蹄筋干制品涨发的工艺流程

热水泡制→煮制→清水浸泡

2 蹄筋干制品涨发的步骤及注意事项

加工设备、工具		不锈钢盆、刀、电子秤、大水瓢、保鲜盒、灶台、不锈钢桶等。
原料	主料	蹄筋干制品。
	调辅料	粗盐、色拉油、米汤等。
涨发工艺 具体流程		涨发方法一：水发 步骤1：将蹄筋干制品洗净，放入开水（最好是米汤）中浸泡数小时，待蹄筋回软； 步骤2：将回软的蹄筋捞出放入不锈钢桶中，然后加水，小火长时间焖煮至无硬心、富有弹性时，用清水洗净、浸泡待用。 涨发方法二：油发 步骤1：先将蹄筋干制品用温碱水洗去表面的油污，晾干； 步骤2：放入凉油锅中，慢慢加热，蹄筋先逐渐缩小，而后慢慢膨胀，注意需勤翻动，待蹄筋开始飘起后发出"叭叭"的响声时，端锅离火，继续翻动，当油温降低时，再用火加热，小火发制，这样反复几次，待蹄筋全部涨发、饱满松脆时捞出； 步骤3：接着将蹄筋放入事先准备好的热碱水中浸泡至回软，洗去油污，摘取残肉，用清水漂洗干净，用净水浸泡备用。 涨发方法三：盐发 步骤1：先用小火把粗盐烘干，再放入蹄筋干制品和粗盐同炒，听到有爆裂声时，取出放入热碱水中浸泡回软； 步骤2：去掉残肉，再用清水漂洗干净，用净水浸泡待用。 涨发方法四：混合法 步骤1：先用油发的方法将蹄筋干制品泡到周身起泡而尚未发透时捞出，再放入凉水锅中，小火焖煮数小时，发透为止。 步骤2：然后用热碱水漂洗，去掉油污杂质，用清水漂洗干净，用净水浸泡待用。
注意事项		（1）水发蹄筋干制品时，必须焖煮到无硬心、富有弹性时为止； （2）油发蹄筋干制品时，一定要注意油温保持在三成热以内，该法涨发时间短，效率高； （3）牛蹄筋干制品多用水发，猪、羊蹄筋干制品多用油发，具体涨发时，应根据各种蹄筋干制品的性质和菜肴的要求灵活掌握； （4）混合法一般采用水发和油发结合。

蹄筋干制品

四、鹿筋干制品的涨发工艺

❶ 鹿筋干制品涨发的流程

温水泡透→煮制→加料煮制

❷ 鹿筋干制品涨发的步骤及注意事项

加工设备、工具		不锈钢盆、不锈钢盖、电子秤、大水瓢、保鲜盒、灶台等。
原料	主料	鹿筋干制品。
	调辅料	葱段、姜片、料酒、高汤。
涨发工艺具体流程		步骤1：鹿筋干制品用清水清洗干净后用温水泡透； 步骤2：再上火焖煮至回软有弹性时，捞出放在净水中，撕去皮膜和腐肉，冲洗干净； 步骤3：冲洗干净的鹿筋加葱段、姜片、料酒、高汤上火烧开，浸泡待用。
注意事项		（1）水发鹿筋时，必须焖煮至无硬心、富有弹性； （2）鹿筋多用水发，具体涨发时，应根据鹿筋的性质和菜肴的要求灵活掌握； （3）发透后要撕去皮膜和腐肉； （4）发好的鹿筋最好用高汤煮制和泡制。

鹿筋干制品

五、牛鞭的加工工艺

❶ 牛鞭的加工流程

煮制牛鞭→去掉尿管→加料煮制

②牛鞭的加工步骤及注意事项

加工设备、工具		不锈钢盆、不锈钢盖、电子秤、大水瓢、保鲜盒、灶台、刀等。
原料	主料	牛鞭。
	调辅料	葱段、姜片、料酒、高汤。
加工工艺 具体流程		步骤1：将牛鞭放入锅中加水，小火焖煮3 h以上，期间反复换水几次； 步骤2：将牛鞭发到有弹性、无硬心时，捞出去掉尿管后用清水清洗干净； 步骤3：重新打火，锅内加入高汤、葱段、姜片、料酒烧开，放入牛鞭煮制待用。
注意事项		（1）牛鞭煮制的时间需要达到3 h以上； （2）煮透的牛鞭必须去掉尿管； （3）去尿管时注意保护好牛鞭的整体形状。

牛鞭

六、牛宝的加工工艺

①牛宝的加工流程

清洗→焯水→加料煮制或蒸制

②牛宝加工的步骤及注意事项

加工设备、工具		不锈钢盆、不锈钢盖、电子秤、大水瓢、保鲜盒、灶台等。
原料	主料	新鲜牛宝。
	调辅料	高汤、料酒、葱段、姜片。
加工工艺 具体流程		步骤1：新鲜的牛宝用清水清洗干净，再用冷水浸泡2 h以上，待用； 步骤2：将泡制好的牛宝冷水下锅，烧开后煮制5 min，撇去浮沫，捞出牛宝待用； 步骤3：将焯水后的牛宝放在锅内或容器内，加入高汤、料酒、葱段、姜片，煮制或蒸制成熟即可。
注意事项		（1）牛宝膻味比较重，所以必须用冷水浸泡2 h以上； （2）牛宝必须加料煮熟或蒸熟后再施以不同的烹调方法； （3）新鲜牛宝也可以改刀后直接烤制。

新鲜牛宝

七、羊宝的加工工艺

① 羊宝的加工流程

清洗→焯水→加料煮制或蒸制

② 羊宝的加工步骤及注意事项

加工设备、工具		不锈钢盆、不锈钢盖、电子秤、大水瓢、保鲜盒、灶台等。
原料	主料	新鲜羊宝。
	调辅料	高汤、料酒、葱段、姜片。
加工工艺 具体流程		步骤1：新鲜羊宝用清水清洗干净，再用冷水浸泡2 h以上，待用； 步骤2：将泡制好的羊宝冷水下锅，烧开后煮制5 min，撇去浮沫，捞出羊宝后待用； 步骤3：将焯水后的羊宝放在锅内或容器内，加入高汤、料酒、葱段、姜片，煮制或蒸制成熟即可。
注意事项		（1）羊宝膻味比较重，所以必须用冷水浸泡2 h以上； （2）羊宝必须加料煮熟或蒸熟后再施以不同的烹调方法； （3）新鲜羊宝也可以改刀后直接烤制。

新鲜羊宝

27

单元三　内蒙古特色白食、炒米、奶茶的加工工艺

一、奶豆腐的加工工艺

1　奶豆腐的加工流程

> 牛奶过滤后自然凝结→熬煮→晾制

2　奶豆腐加工的步骤及注意事项

加工设备、工具		锅、灶台、抹布、不锈钢盆、奶豆腐模具、手勺、纱布等。
原料	主料	鲜牛奶。
	调辅料	无。
加工工艺具体流程		步骤1：将鲜牛奶用纱布过滤后，倒入不锈钢盆中，放置在阴凉处，温度保持在22℃左右，几天后鲜奶自然凝结； 步骤2：再将上面的"哲嘿"（黄色油层）取出，把凝乳倒入锅中，用小火熬煮（因蛋白质受热凝固，乳清慢慢分离），同时撇去乳清，留下稠凝乳，继续加热，把乳清彻底撇干净后，及时用手勺背揉搓稠凝乳直至不粘锅； 步骤3：然后用小勺或专用模具将凝乳装进奶豆腐模具中扎实后，放置在阴凉处，晾干成形后的固态物就是奶豆腐。
注意事项		（1）牛奶要自然凝结； （2）要将黄色油层撇干净； （3）要将乳清撇干净； （4）必须将稠凝乳揉搓到不粘锅； （5）稠凝乳装入模具中后要置于阴凉通风处； （6）制成的奶豆腐可拔丝、挂霜、煎、扒、蒸等。

奶豆腐

二、奶皮的加工工艺

① 奶皮的加工流程

牛奶烧开并扬奶→停火冷却→取奶皮晾制

② 奶皮加工的步骤及注意事项

加工设备、工具		锅、灶台、抹布、不锈钢盆、奶豆腐模具、细木棍、手勺等。
原料	主料	鲜牛奶。
	调辅料	无。
加工工艺 具体流程		步骤1：将新鲜的牛奶倒入锅中，用微火烧开，用手勺反复扬奶，扬过一定时间（大约0.5 h）后，牛奶表面就会产生很多气泡，这时，火调小一点，同时慢慢停止扬奶； 步骤2：火调小后，在锅上搭根细木棍，把锅盖放上去，以免热气跑出来，此时停火，自然冷却10 h左右，在熬过的牛奶上就会结一层厚而发皱的表皮，这就是奶皮； 步骤3：取奶皮时，用锅铲从锅四周把奶皮划开，将细木棍从中间插入并轻轻抬起，这样奶皮就被折成一个半圆形，然后将其放在阴凉通风处晾干即可。
注意事项		（1）奶皮从锅中取出不能直接晒太阳，以防变硬； （2）奶皮取出后要放在阴凉通风处晾干，奶皮一般在秋天制作； （3）在熬制奶皮时放一些糖，可使其口感甜香，奶香浓郁。

奶皮

三、奶酪的加工工艺

① 奶酪的加工流程

牛奶烧开→停火冷却制酸→制成奶酪晾干

② 奶酪加工的步骤及注意事项

加工设备、工具		锅、灶台、抹布、不锈钢盆、奶酪模具、手勺等。
原料	主料	鲜牛奶。
	调辅料	糖、奶粉。
加工工艺 具体流程		步骤1:鲜牛奶倒入不锈钢盆里,锅里放水烧开,将装了鲜牛奶的不锈钢盆放入锅里,中火烧3 h,期间用手勺不停地将鲜奶舀起再慢慢地倒入盆中; 步骤2:停火,放12 h,凉透后将硬皮捞出,将剩余熟鲜牛奶放置8 h,制成酸奶; 步骤3:将酸奶倒入锅中小火烧开后,放糖、奶粉收汁熬干后装入奶酪模具晾干即成。
注意事项		(1)鲜牛奶必须要先制成酸奶; (2)制作过程始终保持小火。

奶酪

四、炒米的加工工艺

① 炒米的加工流程

糜子筛簸、淘洗干净→煮制晾干→炒制

② 炒米加工的步骤及注意事项

加工设备、工具		锅、灶具、抹布、不锈钢盆、铲子、筛子等。
原料	主料	糜子。
	调辅料	无。
加工工艺 具体流程		步骤1:先把糜子筛簸干净,去净土和沙子,在凉水中淘洗干净; 步骤2:将糜子放入锅内加水,水的深度没过糜子5 cm以上,上火烧开,上下搅动,使其受热均匀,待煮至破开半嘴后,赶紧捞到筛子里,沥干水分,倒在干净的地方,晾干水分; 步骤3:晾干的糜子上炒锅炒至全熟,即成"炒米"。

注意事项	（1）破开半嘴后捞出晾干再炒制的炒米，发硬、有嚼头，称为"硬炒米"； （2）如果不等破开半嘴就捞出，炒制时容易开花，这样的炒米软而好咬，但是没有嚼头，称为"软炒米"； （3）炒米炒制前必须煮熟。

炒米

五、奶茶的加工工艺

① 奶茶的加工流程

熬制砖茶→加奶→炒制肉干和炒米→倒入奶茶及其他配料

② 奶茶加工的步骤及注意事项

加工设备、工具		锅、灶具、抹布、不锈钢盆、手勺、纱布等。
原料	主料	鲜牛奶。
	调辅料	砖茶、生牛肉干沫、炒米、奶豆腐丁、奶皮子丁、黄油、奶皮子、盐、糖。
加工工艺 具体流程		步骤1：锅内加凉水，砖茶用纱布包好放入锅内，将水烧开，水变成深红色时将茶包捞出，加鲜牛奶、奶皮子烧开，5 min后加盐倒入壶中； 步骤2：锅内放入黄油加热，倒入生牛肉干沫炒香，加入炒米、茶水、奶豆腐丁、奶皮子丁烧开； 步骤3：糖、盐装盘备用。
注意事项		（1）熬制奶茶必须选用鲜牛奶； （2）熬制奶茶最好选用砖茶； （3）在熬奶茶时要不断地扬奶茶。

奶茶

第三模块

内蒙古特色凉菜的
制作工艺

扫码看课件

知识目标

1. 了解内蒙古特色凉菜种类。
2. 掌握内蒙古特色凉菜的加工方法。
3. 掌握内蒙古特色凉菜的菜肴特点。

能力目标

通过学习本模块,学生应了解内蒙古特色凉菜的种类,掌握内蒙古特色凉菜的制作工艺流程,掌握内蒙古特色凉菜的成品特点和技术关键,为更好地制作内蒙古特色凉菜打下坚实的基础。

单元一 按照凉菜烹调方法分类

视频:
炝拌豆芽

炝拌豆芽

一、菜肴介绍

炝拌豆芽是内蒙古地区较为特色的一道凉菜,由民间的豆芽拌粉条演变而来,再经过专业厨师的进一步提炼而成。炝拌豆芽是内蒙古地区民间各类宴席的必备佳肴。炝拌豆芽的烹调方法是"炝拌",菜肴定名方式是主料名称前加烹调方法作为菜肴的名称,口味特点是咸鲜、略带麻香、质地脆嫩。

二、菜肴制作

1 炝拌豆芽的加工流程

准备原料→豆芽焯水、投凉→炝拌→装盘

②炝拌豆芽的加工制作

加工设备、工具		灶具、砧板、刀具、盛器等。
原料	主辅料	黄豆芽300 g、韭菜50 g。
	调味料	食用盐5 g、葱丝5 g、姜丝5 g、花椒5粒、胡麻油20 g、干辣椒节3 g、味精3 g。
加工步骤		步骤1：制作炝拌豆芽的原材料及调料备用； 步骤2：主料黄豆芽焯水至断生、投凉备用，辅料韭菜切寸段待用； 步骤3：主辅料放入盆内拌匀，上面放上葱丝和姜丝，再用胡麻油炸好双椒油（花椒和辣椒）趁热浇在葱丝和姜丝上，炝熟葱丝和姜丝，加入其他调味品拌匀即可装盘。
技术关键		（1）要选用无毛根，且豆瓣完整、豆苗粗壮的黄豆芽； （2）焯水断生即可，焯水时间不宜过长； （3）双椒油要现炸现用。
类似菜肴		炝拌莴笋丝、虾干炝芹菜。

炝拌豆芽

五彩猪皮冻

一、菜肴介绍

五彩猪皮冻是内蒙古地区老百姓较为喜欢的一道凉菜。猪皮富含胶原蛋白，对人的皮肤、筋腱、骨骼、毛发都有重要的生理保健作用。五彩猪皮冻从色彩搭配、口感质地、营养价值等方面都比传统猪皮冻有了进一步的提高，食用价值较高。烹调方法是"冻"，菜肴定名方式是主料名称前加色彩，成品具有色彩艳丽、美观悦目、质地软韧、口味滑爽的特点。

35

二、菜肴制作

1 五彩猪皮冻的加工流程

> 准备原料→猪皮刮洗、焯水、改刀成条→熬制皮汤→放入辅料冷却压实→改刀装盘

2 五彩猪皮冻的加工制作

加工设备、工具		灶具、砧板、刀具、盛器、保鲜盒等。
原料	主辅料	猪皮 500 g、香菜 30 g、水发香菇 30 g、胡萝卜 30 g、红青椒 30 g。
	调味料	食用盐 10 g、蒜泥 10 g、老抽 2 g、生抽 4 g、糖 3 g、香醋 1 g、味精 1 g、红油 2 g、色拉油 10 g、葱花 4 g、高汤 15 g、清水 2 kg、葱段 50 g、姜片 30 g、料酒 30 g。
加工步骤		步骤 1：猪皮刮洗干净，香菜、水发香菇、胡萝卜、红青椒清洗干净，改刀成丝待用，调料准备就绪； 步骤 2：将猪皮处理干净后放进锅中，注入没过猪皮的水，倒入适量料酒，水烧开煮 5～6 min 捞出，用刀片刮去猪皮内侧肥肉层，尽量把油脂刮干净，然后切丝，猪皮丝放入开水中焯烫 1～2 min，把残留的油脂烫出来，再倒进漏网，用热水冲洗至完全无油状态待用，辅料焯水； 步骤 3：将猪皮丝分装在 2 个长方形的玻璃保鲜盒内，分别注入清水 1 kg，上面放上葱段和姜片后放入蒸箱，中小气压蒸 40 min 后取出，捡出葱、姜； 步骤 4：将焯水后的辅料（香菜段、香菇丝、胡萝卜丝、红青椒丝）拌匀放入蒸好的猪皮汁中，冷却后放冰箱彻底凝固； 步骤 5：用塑料脱模刀或小刀脱模，倒扣在砧板上，切片摆入盘中，将所有调味品兑入小碗，放中间，可以蘸汁吃，也可以将调味汁浇在猪皮冻上。
技术关键		(1) 猪皮要刮洗干净，做到无毛、无杂质、无油； (2) 掌握好猪皮和水的比例，比例为 1∶4，可根据季节的不同适当调整比例； (3) 熬制猪皮时不宜采用大火，保持中小火即可。
类似菜肴		什锦猪皮冻、时蔬猪皮冻。

五彩猪皮冻

 水晶羊肉

视频：
水晶羊肉

一、菜肴介绍

水晶羊肉是内蒙古地区具有地方特色的一道凉菜，羊肉选用天然无污染的锡林郭勒盟大草原的羊肉。烹调方法是"冻"，菜肴定名方式是主料名称辅以色彩和烹调方法，成品具有色彩透亮、美观悦目、质地软韧、口感爽滑的特点。

二、菜肴制作

1 水晶羊肉的加工流程

准备原料→猪皮刮洗、焯水、改刀成条→熬制猪皮汤→放入煮熟的羊肉冷却压实→改刀装盘

2 水晶羊肉的加工制作

加工设备、工具		灶具、砧板、刀具、盛器、保鲜盒等。
原料	主辅料	猪皮 500 g、羊肉 500 g。
	调味料	食用盐 25 g、蒜泥 10 g、老抽 2 g、生抽 4 g、糖 3 g、香醋 1 g、味精 1 g、红油 2 g、色拉油 10 g、葱花 4 g、高汤 15 g、清水 2 kg、葱段 65 g、姜片 45 g、料酒 45 g、整花椒 5 g。
加工步骤		步骤 1：猪皮刮洗干净，用温水洗掉表皮油脂，羊肉改刀成块另起锅煮至全熟（煮制时放入葱段 15 g、姜片 20 g、料酒 15 g、整花椒 5 g、食用盐 15 g），其他调味料准备好待用； 步骤 2：将猪皮处理干净，放进锅中，注入没过猪皮的水，倒入适量料酒，水烧开煮 5～6 min 捞出，用刀片刮去猪皮内侧肥肉层，尽量把油脂刮干净，然后切丝，猪皮丝放入开水中焯烫 1～2 min，把残留的油脂烫出来，再倒进漏网，用热水冲洗至完全无油状态待用； 步骤 3：将猪皮丝分装在 2 个长方形的玻璃保鲜盒内，分别注入清水 1 kg，上面放上葱段和姜片后放入蒸箱，中小气压蒸 40 min 取出，捡出葱、姜； 步骤 4：将煮熟的羊肉改刀成片放入蒸好的猪皮汤中，冷却后放冰箱彻底凝固； 步骤 5：用塑料脱模刀或小刀脱模，倒扣在砧板上，切片摆入盘中，将所有调味品兑入小碗，放中间，可以蘸汁吃，也可以将调味汁浇在皮冻上。

Note

续表

技术关键	(1) 猪皮要刮洗干净,做到无毛、无杂质、无油; (2) 掌握好猪皮和水的比例,比例为1∶4,可根据季节的不同适当调整比例; (3) 熬制猪皮汤时不宜采用大火,保持中小火即可。
类似菜肴	水晶蹄髈、水晶虾仁。

水晶羊肉

一、菜肴介绍

黄蘑鱼胶冻是利用内蒙古地区阿尔山的黄蘑和鱼胶粉溶化后的汁液冷凝后改刀装盘的一道凉菜,形如云南的黄龙玉,特别美观,比较适合星级酒店。黄蘑鱼胶冻从色彩搭配、口感质地、营养价值等方面都比传统猪皮冻有了更进一步的提高,食用价值较高。烹调方法是"冻",菜肴定名方式是主料名称辅以烹调方法,成品具有色泽微黄、美观悦目、质地软韧、口味爽滑的特点。

二、菜肴制作

❶ 黄蘑鱼胶冻的加工流程

准备原料→鱼胶粉温水化开→上蒸笼蒸制→放入辅料冷却压实→改刀装盘

❷ 黄蘑鱼胶冻的加工制作

加工设备、工具		灶具、砧板、刀具、盛器等。
原料	主辅料	鱼胶粉 100 g、水发黄蘑 150 g。
	调味料	食用盐 10 g、蒜泥 10 g、老抽 2 g、生抽 4 g、糖 3 g、香醋 1 g、味精 1 g、红油 2 g、色拉油 10 g、葱花 4 g、高汤 500 g、清水 800 g。
加工步骤		步骤 1：鱼胶粉、水发黄蘑和所有调味料准备好待用； 步骤 2：鱼胶粉 100 g 用 800 g 温水化开，覆上保鲜膜上蒸笼蒸 40 min 取出； 步骤 3：修剪后的水发黄蘑用高汤蒸熟，取出后均匀地放在鱼胶汁中冷却，冷却后放冰箱彻底凝固； 步骤 4：用塑料脱模刀或小刀脱模，倒扣在砧板上，切长方形厚片摆入盘中，将所有调味品兑入小碗，放中间，可以蘸汁吃，也可以将调味汁浇在皮冻上。
技术关键		（1）水发黄蘑一定要在高汤中蒸熟； （2）掌握好鱼胶粉和水的比例，比例为 1∶8，可根据季节的不同适当调整比例。
类似菜肴		什锦水果冻、菠萝冻。

黄蘑鱼胶冻

一、菜肴介绍

　　五香牛肉是使用内蒙古地区的黄牛肉卤制而成的一道凉菜，采用牛腱肉用五香红卤水卤制 2 h 而成，是内蒙古地区民间各类宴席的必备佳肴。五香牛肉的烹调方法是"卤"，菜肴定名方式是主料名称前加味型，成品特点是口味咸鲜、五香味浓、质地干爽。

二、菜肴制作

① 五香牛肉的加工流程

原料腌制→原料泡制→兑制卤水→卤制牛肉→装盘

② 五香牛肉的加工制作

加工设备、工具		灶具、砧板、刀具、盛器等。
原料	主辅料	牛腱肉 1.6 kg。
	调味料	食用盐 40 g、八角 20 g、桂皮 20 g、花椒 20 g、香叶 20 g、甘草 20 g、味精 20 g、酱油 40 g、葱段 120 g、姜片 20 g、香油 20 g、料酒 50 g、糖 20 g。
加工步骤		步骤 1：将牛腱肉切成 250 g 左右的大块，用铁钎戳些小孔，用一半的料酒、葱段、姜片搓揉腌匀，腌制 2 h； 步骤 2：牛腱肉放清水中浸泡 2 h，然后洗净； 步骤 3：锅放火上烧热，加油，放入剩余的葱段、姜片和桂皮、八角、花椒、香叶、甘草煸炒，起香后放入牛腱肉、酱油、糖、料酒、食用盐、清水，烧开后撇去浮沫，用小火加热 2 h 左右，烧至牛腱肉八成熟时，用大火收稠卤汁，取出凉透后切片装盘。
技术关键		（1）牛腱肉一定要预先腌制，然后再卤制，否则难以入味； （2）此菜在制作过程中，最好把所有的香料装在纱布袋中，一来卤汁清澈，二来香料可以重复利用； （3）切片装盘后需带蘸碟一同上桌。
类似菜肴		五香花生、五香鹌鹑蛋。

五香牛肉

视频：
芥末粉皮

一、菜肴介绍

芥末粉皮是内蒙古地区比较受老百姓青睐的一道凉菜。芥末粉皮的烹调方法是"拌"，菜肴定名方式是主料名称前加味型，成品特点是口味咸鲜、芥末味浓、质地爽滑软嫩。

二、菜肴制作

1 芥末粉皮的加工流程

准备原料→主辅料改刀→拌制→装盘

2 芥末粉皮的加工制作

加工设备、工具		灶具、砧板、刀具、盛器等。
原料	主辅料	粉皮 300 g、黄瓜 30 g、胡萝卜 30 g、香菜 10 g。
	调味料	食用盐 8 g、味精 5 g、香油 6 g、醋 11 g、芥末糊 18 g、高汤 50 g。
加工步骤		步骤 1：粉皮用凉开水或纯净水清洗干净，晾干水分，切成约 5 cm 长的丝或条装在盘内，黄瓜和胡萝卜切丝，香菜切段，然后放在切好的粉皮上； 步骤 2：将食用盐、味精、芥末糊、醋、香油、高汤搅拌均匀后浇淋在粉皮上。
技术关键		(1) 粉皮、凉粉类要现调制现食用； (2) 此类原料也可用肉丝、蒜泥、辣椒油、芝麻、榨菜等与之相拌。
类似菜肴		肉丝拉皮、蒜拌粉皮。

芥末粉皮

视频：
捞汁羊肚

一、菜肴介绍

捞汁羊肚是将内蒙古地区老百姓喜爱的羊肚制熟晾凉后，改刀成丝放于兑好的味汁当中的一道凉菜。捞汁羊肚的烹调方法是拌，菜肴定名方式是主料名称前加味型，成品特点是捞汁味美、咸鲜微麻、羊肚洁白、质地脆嫩。

二、菜肴制作

1 捞汁羊肚的加工流程

羊肚初加工→煮制羊肚→兑制捞汁→装盘

2 捞汁羊肚的加工制作

加工设备、工具		灶具、砧板、刀具、盛器等。
原料	主辅料	鲜羊肚一个（约 750 g）、紫色洋葱一个（约 100 g）、香菜 20 g、鲜花椒 10 g。
	调味料	食用盐 15 g、味精 3 g、花椒油 2 g、醋 3 g、鲜贝露 20 g、高汤 50 g、生抽 30 g、料酒 50 g、葱段 20 g、姜片 20 g、糖 3 g。
加工步骤		步骤 1：用盐醋搓洗法将鲜羊肚的黏液揉搓干净，再用清水反复清洗 2 遍，在清水中浸泡 2 h，期间换水 1 次。泡好的羊肚翻到有绒毛的一侧，用 80 ℃的水烫制 5 min，然后用刀片刮去绒毛，反复清洗干净待用； 步骤 2：将清洗干净的羊肚冷水下锅，烧开后撇去浮沫，放入料酒、葱段、姜片和食用盐 10 g，煮至八成熟时捞出，放入冰水中浸泡 10 min，捞出改刀成丝，配料洋葱改刀成丝，香菜切段，将洋葱丝和香菜段装在盘底； 步骤 3：将食用盐 5 g 和味精、花椒油、醋、鲜贝露、生抽、糖、高汤搅拌均匀兑制成捞汁； 步骤 4：将羊肚丝装在盛有洋葱丝和香菜段的盘内，将兑好的捞汁浇淋在上面，放上鲜花椒即可。
技术关键		（1）羊肚必须清洗干净，去掉内侧绒毛； （2）羊肚不宜煮得太烂，否则影响口感； （3）羊肚捞出后必须在冰水中浸泡 10 min，这样质地才脆嫩。
类似菜肴		捞汁牛肚。

捞汁羊肚

视频：
酥熘鲫鱼

一、菜肴介绍

酥熘鲫鱼是选用黄河内蒙古段的鲫鱼通过"熘"的烹调方法热作冷吃的一道菜肴。此菜的定名方式是主料名称前加烹调方法，成品特点是口味醇厚、酸烂脱骨、入口即化。

二、菜肴制作

❶ 酥熘鲫鱼的加工流程

> 鲫鱼初加工→主辅料改刀→拌制→装盘

❷ 酥熘鲫鱼的加工制作

加工设备、工具		灶具、砧板、刀具、盛器等。
原料	主辅料	鲫鱼 1.5 kg。
	调味料	食用盐 8 g、色拉油 1.5 kg(实用 200 g)、味精 5 g、米醋 150 g、糖 5 g、高汤 1 kg、红辣椒丝 200 g、葱段 200 g、姜片 200 g、酱油 20 g、料酒 20 g、香油 10 g。
加工步骤		步骤 1：将小鲫鱼(每条长约 10 cm)去鳞、鳃，再从其脊背部剖开，去肠，洗净后沥干水分； 步骤 2：锅中加色拉油，烧至七成热时，投入鲫鱼，炸至鱼身缩卷起壳并呈金黄色时捞出；

Note

加工步骤	步骤 3：砂锅内放上竹垫，放上一半的红辣椒丝、葱段、姜片，将鲫鱼逐层叠放，上面再撒上另一半的红辣椒丝、葱段、姜片，加入酱油、糖、食用盐、米醋、料酒、香油、高汤，用中火烧沸后改用小火焖约 2 h，再用中火收稠汤汁，取出晾凉即可装盘。
技术关键	（1）鲫鱼选料要小，不可太大，否则鲫鱼不够香酥； （2）在炸制时，鲫鱼未结壳定型前不可搅动，否则鲫鱼易散而不成形； （3）㸆制时要用小火，且时间要足，否则达不到酥烂入味的效果。
类似菜肴	酥㸆排骨、酥㸆带鱼。

酥㸆鲫鱼

视频：
双色酿皮

一、菜肴介绍

酿皮是内蒙古巴彦淖尔地区特别流行的一道地方小吃，也可当作主食充饥解饿，亦可当作菜肴，充当下酒凉菜，冷热均宜，四季可食。双色酿皮是在此基础上做了进一步的技术改良和量化，由一种颜色改良为两种颜色，由原色和加了蔬菜汁的另一种颜色的酿皮组成，因此称为双色酿皮。双色酿皮的烹调方法是"拌"，菜肴定名方式是主料名称前加颜色，成品特点是口味鲜香可口、柔韧细腻、爽口开胃、回味悠长。

二、菜肴制作

❶ 双色酿皮的加工流程

制作面浆→蒸酿皮→切条→调味→装盘

2 双色酿皮的加工制作

加工设备、工具		灶具、砧板、刀具、薄布、盛器等。
原料	主辅料	高筋面粉 200 g、香菜 10 g、黄瓜丝 50 g、芹菜丁 50 g、清水 1 kg、明矾 5 g、熟芝麻 5 g、花生碎 5 g、菠菜汁 200 g。
	调味料	食用盐 15 g、葱油 15 g、辣椒油 15 g、八角花椒水 50 g、蒜水 20 g、醋 10 g、味精水 20 g、麻酱 50 g。
加工步骤		步骤 1：高筋面粉加水和明矾，揉成光滑的面团，盖上薄布醒发 40 min，然后将面团放入面盆中，每次倒入 100 mL 左右的水揉搓面团，等到面浆发白时，把水倒入另一个大盆中，反复 6 次，直到面浆完全变清，只剩下面筋的部分，面筋可以蒸熟后切块拌着酿皮吃； 步骤 2：将所有洗出的面浆水用网筛过滤掉杂质，放置一个晚上，水形成两层，将上面的清水倒掉，下面浓稠的面浆搅拌均匀分成两份，一份加入菠菜汁，另一份直接制作酿皮； 步骤 3：平盘上刷一层油，倒入一勺面浆，大火加盖蒸 2 min 左右，面浆凝固成透明酿皮即可马上取出，如此反复，直到两种面浆用完； 步骤 4：将蒸好的双色酿皮晾凉后在砧板上切成条状抖散放在盘内，双色酿皮各放一半，上面放上配料； 步骤 5：另取一个碗，将所有调味品加在一起搅匀，浇在面皮上后，撒上熟芝麻和花生碎即可。
技术关键		（1）掌握酿皮的制作工艺，现在有专门的工厂生产酿皮，无须自己制作； （2）掌握酿皮调味汁的兑制比例； （3）制作酿皮的面粉必须选择高筋面粉，以内蒙古巴彦淖尔地区出产的雪花粉为佳。
类似菜肴		麻酱粉皮。

双色酿皮

45

视频：
卤水牛腱

一、菜肴介绍

卤水牛腱是中国南北方餐桌上的一道美味佳肴，是一道不可或缺的佐酒凉菜。内蒙古地区的卤水牛腱吸收各地的制作要领，采用内蒙古大草原放养的黄牛肉作为原料来制作完成。卤水牛腱的烹调方法是"卤"，菜肴定名方式是主料名称前加烹调方法，成品特点是口味咸香、酱香浓郁、形态美观、质艮耐嚼。

二、菜肴制作

① 卤水牛腱的加工流程

配制香料包→牛腱肉焯水→兑制卤水→卤制→装盘

② 卤水牛腱的加工制作

加工设备、工具		灶具、砧板、刀具、纱布袋、盛器等。
原料	主辅料	牛腱肉 5 kg。
	调味料	干辣椒节 150 g、花椒 25 g、丁香 15 g、八角 30 g、桂皮 15 g、甘草 15 g、小茴香 15 g、草果 15 g、豆蔻 15 g、肉蔻 15 g、罗汉果 2 个、南姜 15 g、紫草 10 g、砂仁 15 g、白芷 15 g、香茅草 10 g、山萘 10 g、葱段 250 g、姜片 150 g、蒜 150 g、色拉油 200 g、料酒 150 g、酱油 300 g、老抽 20 g、红曲米 25 g、冰糖 300 g、食用盐 150 g、上好高汤 5 kg、味精 100 g 等。
加工步骤		步骤 1：将干辣椒节、花椒、丁香、八角、桂皮、甘草、小茴香、草果、豆蔻、肉蔻、罗汉果、南姜、紫草、砂仁、白芷、香茅草、山萘等香料清洗干净装入纱布袋中，然后将红曲米装入纱布袋中，扎紧纱布袋； 步骤 2：将牛腱肉用刀切成大块放入清水中浸泡 2 h，泡出血水后焯水捞出待用； 步骤 3：锅内放入色拉油烧热，下入葱段、姜片、蒜炒香，然后放入料酒、酱油、冰糖、食用盐、高汤和装好香料的纱布袋，旺火烧开，小火煮制 1 h，去掉葱、姜、蒜和浮沫即成卤水； 步骤 4：将焯水后的牛腱肉放入兑制好的卤水中小火卤制 2 h，关火后再浸泡 1 h，取出卷制成卷，晾凉改刀装盘点缀即可。

续表

技术关键	（1）掌握卤水调制的比例； （2）牛腱肉必须泡出血水，并焯水处理； （3）卤好的牛腱肉必须在卤水中浸泡，进一步入味。
类似菜肴	卤水猪肘。

卤水牛腱

视频：
五香熏蛋

一、菜肴介绍

　　五香熏蛋是鸡蛋煮熟去皮后再放入五香卤水中卤制入味，然后在熏锅里熏至枣红色的一道具有特殊风味的菜肴。但是熏制过程中散发的气体中会有硫化物、3,4-苯并芘等，其对人体有危害，所以熏制类的菜肴应尽量少吃。五香熏蛋的烹调方法是"熏"，菜肴定名方式是主料名称前加烹调方法和味型，成品特点是烟香味突出、五香味浓、质地软烂。

二、菜肴制作

❶ 五香熏蛋的加工流程

　　鸡蛋煮熟去皮→调制五香卤水，卤熟鸡蛋→熏制鸡蛋→装盘

② 五香熏蛋的加工制作

加工设备、工具		灶具、砧板、刀具、盛器等。
原料	主辅料	鸡蛋 1 kg。
	调味料	食用盐 40 g、八角 20 g、桂皮 20 g、花椒 20 g、香叶 20 g、甘草 20 g、味精 20 g、酱油 40 g、葱段 330 g、姜片 10 g、香油 20 g、料酒 50 g、糖 20 g、花茶 50 g。
加工步骤		步骤 1：鸡蛋煮熟去皮待用； 步骤 2：锅放火上烧热，加油，放入葱段 30 g、姜片 10 g，还有八角、桂皮、花椒、香叶、甘草煸炒，起香后放入酱油、糖、料酒、食用盐、清水，待烧开后，撇去浮沫，放入去皮的鸡蛋，用小火加热 30 min 左右，关火泡制 30 min 左右，捞出鸡蛋擦去表面的水分待用； 步骤 3：将剩余的 300 g 葱段切成四瓣，均匀地铺在不锈钢篦子上，然后放上卤好的鸡蛋，熏锅上火，锅底放入用水拌湿的花茶，将篦子架在锅上，盖好盖子，中小火加热，待有烟冒出 5 min 后关火，再焖 5 min 取出； 步骤 4：将取出的鸡蛋趁热用干净抹布擦去表面的水分和稠状物，用刷子刷一层香油晾凉，改刀装盘点缀即可。
技术关键		(1) 鸡蛋需要煮熟后卤制； (2) 卤制的时间不宜过长； (3) 熏制的时间不宜过长。
类似菜肴		五香熏鹌鹑蛋、五香熏兔。

五香熏蛋

盐水羊肉

Note

一、菜肴介绍

盐水羊肉是内蒙古地区较有特色的一道冷食菜肴。冷食羊肉的习惯在内蒙古各地区均有。盐水羊肉的烹调方法是"煮",菜肴定名方式是主料名称前加烹调方法,成品特点是口味咸鲜、清香爽口。

二、菜肴制作

① 盐水羊肉的加工流程

羊肉焯水→煮制羊肉→泡制羊肉→装盘

② 盐水羊肉的加工制作

加工设备、工具		灶具、砧板、刀具、盛器等。
原料	主辅料	羊瘦肉 1 kg。
	调味料	味精 4 g、食用盐 10 g、葱段 35 g、姜片 25 g、花椒 5 g、料酒 20 g 等。
加工步骤		步骤 1:羊瘦肉洗净,冷水下锅焯透,撇去浮沫后捞出待用; 步骤 2:重新起锅放入清水,然后将焯过水的羊瘦肉放入,放入食用盐、花椒、料酒、葱段 15 g、姜片 10 g,煮熟捞出,去掉葱、姜; 步骤 3:将原汤和煮熟的羊肉倒入盆内,再将剩余的葱段、姜片放入,最后放入味精,将羊肉泡在汤中,凉后即可改刀装盘、点缀上桌。
技术关键		(1) 羊肉必须焯水; (2) 羊肉煮熟后必须泡在汤里; (3) 煮制羊肉的火力采用中小火。
类似菜肴		盐水鸭、盐水花生。

盐水羊肉

49

视频：
土豆泥拌沙葱

一、菜肴介绍

土豆泥拌沙葱是深受内蒙古地区老百姓喜爱的一道地道的凉菜,采用土生土长的食材。土豆采用内蒙古武川县的红皮土豆,该品种土豆淀粉含量高,容易成熟且口感沙甜;沙葱是草原、戈壁上生长的一种植物,有很高的食用价值和药用价值。土豆泥拌沙葱的烹调方法是"拌",菜肴定名方式是主辅料名称辅以烹调方法,成品特点是口味咸鲜、葱香浓郁、质地软糯。

二、菜肴制作

1 土豆泥拌沙葱的加工流程

土豆煮熟去皮→沙葱焯水→拌制→装盘

2 土豆泥拌沙葱的加工制作

加工设备、工具		灶具、砧板、刀具、盛器等。
原料	主辅料	红皮土豆 500 g、沙葱 150 g。
	调味料	食用盐 8 g、葱花 15 g、胡麻油 20 g、味精 3 g 等。
加工步骤		步骤 1:红皮土豆清洗干净,放入锅中煮至全熟,捞出晾凉后去掉外皮并制成土豆泥; 步骤 2:沙葱清洗干净,放入开水锅中焯水断生,然后投凉,捞出沥干水分,改刀成粒; 步骤 3:锅上火放入胡麻油烧热,倒入葱花炸好,倒出葱花油晾凉,将土豆泥和沙葱粒放在一起,加入其他调味料和葱花油拌匀,装盘点缀即可。
技术关键		(1)红皮土豆选用内蒙古武川县出产的为宜; (2)土豆泥在拌制时不宜上劲; (3)选用胡麻油为宜。
类似菜肴		土豆泥拌烂腌菜。

土豆泥拌沙葱

单元二 按照凉菜味型分类

 红油羊肚丝

一、菜肴介绍

红油羊肚丝是羊肚煮熟切丝拌以红油汁成菜的一道地方特色凉菜。红油羊肚丝的烹调方法是"拌",菜肴定名方式是主料名称前加味型,成品特点是口感咸鲜微辣、质地脆爽。

二、菜肴制作

1 红油羊肚丝的加工流程

羊肚初加工→煮制羊肚→调制红油汁→装盘

51

2 红油羊肚丝的加工制作

加工设备、工具		灶具、砧板、刀具、盛器等。
原料	主辅料	鲜羊肚 1 个、莴笋 200 g、小米辣 3 g、香菜末 5 g。
	调味料	食用盐 21 g、糖 15 g、酱油 25 g、醋 8 g、红油 24 g、香油 9 g、料酒 50 g、葱段 20 g、姜片 20 g。
加工步骤		步骤 1:用盐醋搓洗法将鲜羊肚的黏液揉搓干净,再用清水反复清洗 2 遍,在清水中浸泡 2 h,期间换水 1 次。泡好的羊肚翻到有绒毛的一侧,用 80 ℃的水烫制 5 min,然后用刀片刮去绒毛,反复清洗干净待用; 步骤 2:将清洗干净的羊肚冷水下锅,烧开后撇去浮沫,放入料酒、葱段、姜片、食用盐 10 g,煮至八成熟时捞出放入冰水中浸泡 10 min,捞出改刀成丝,配料莴笋改刀成丝焯水,投凉后装在盘底,上面放上切好的羊肚丝; 步骤 3:将食用盐 11 g、糖、酱油、醋、红油、香油都放在一个碗内搅拌均匀,倒在羊肚丝上,撒上切好的小米辣和香菜末,即可上桌。
技术关键		(1) 羊肚必须清洗干净,去掉内侧绒毛; (2) 羊肚不宜煮得太烂,否则影响口感; (3) 羊肚捞出后必须在冰水中浸泡 10 min,这样口感才脆嫩; (4) 掌握红油汁的调配比例。
类似菜肴		红油鸡丝、红油耳片。

红油羊肚丝

蒜泥羊肝

Note

一、菜肴介绍

蒜泥羊肝是将鲜羊肝煮熟后晾凉、改刀、装盘带蒜泥汁一同上桌的一道地方特色凉菜。蒜泥羊肝的烹调方法是"拌"，菜肴定名方式是主料名称前加味型，成品特点是蒜香浓郁、质地紧实、营养丰富。

二、菜肴制作

❶ 蒜泥羊肝的加工流程

羊肝初加工→煮制羊肝→调制蒜泥汁→装盘

❷ 蒜泥羊肝的加工制作

加工设备、工具		灶具、砧板、刀具、盛器等。
原料	主辅料	鲜羊肝 1 副。
	调味料	食用盐 8 g、糖 12 g、酱油 23 g、味精 6 g、香油 8 g、红油 20 g、蒜泥 23 g、香菜末 5 g、葱段 25 g、姜片 25 g、料酒 20 g、小茴香 3 g、香叶 2 片、草果 1 颗。
加工步骤		步骤 1：鲜羊肝在清水中浸泡 2 h 泡出血水，如果血水没有泡干净，中途可以加水反复清洗几次，直至洗干净为止； 步骤 2：将鲜羊肝冷水下锅，放入葱段、姜片、料酒、小茴香、香叶、草果，小火慢慢煮沸，撇去浮沫，再煮 5 min 关火，此时羊肝内部还是生的，不要动，静置 1 h 以上，用水的余温将羊肝焖熟； 步骤 3：将食用盐、糖、酱油、味精、香油、红油、蒜泥、香菜末放在碗内搅拌均匀调制成蒜泥汁待用； 步骤 4：将焖熟的羊肝捞出晾凉，改刀成片码在盘中点缀后带上蒜泥碟上桌即可。
技术关键		（1）羊肝不要煮熟，要用水的余温焖熟，这样做羊肝口感较嫩； （2）掌握好蒜泥汁的兑制比例。
类似菜肴		蒜泥猪肝。

蒜泥羊肝

怪味羊头肉

一、菜肴介绍

怪味羊头肉是选用 2～3 龄,也称"四六口"的内蒙古地区产的山羊头,这种山羊头是被阉割过的公羊的羊头,俗称羯羊,这种羊头肉嫩而不膻,口感极佳。怪味羊头肉的烹调方法是"拌",菜肴定名方式是主料名称前加味型,成品特点是各味兼具、软嫩清脆、醇香不腻、风味独特。

二、菜肴制作

① 怪味羊头肉的加工流程

羊头初加工→煮制羊头→拆骨、改刀→兑制怪味汁→装盘

② 怪味羊头肉的加工制作

加工设备、工具		灶具、砧板、刀具、盛器等。
原料	主辅料	去毛山羊头 1 个,葱白 100 g。
	调味料	食用盐 16 g、糖 5 g、酱油 10 g、醋 10 g、味精 8 g、香油 10 g、红油 7 g、解开的麻酱 25 g、熟花椒面 8 g、熟芝麻 9 g、葱段 50 g、姜片 50 g、蒜 50 g、料酒 20 g。
加工步骤		步骤 1:去毛的山羊头放在冷水中浸泡 2 h,用板刷反复刷洗头皮,刷得越白越好,再把羊嘴掰开,用小毛刷刷净口内异物,并在水内来回移动着刷洗,将口、鼻、耳内的污物刷出,然后换新水 2 次,沥净水,用刀从头皮正中至鼻梁骨划一长口,以便煮熟拆骨;
		步骤 2:山羊头冷水下锅,加入食用盐 8 g、葱段、姜片、蒜、料酒煮制 1.5 h 左右,将山羊头捞出趁热将骨头拆掉,羊耳朵割下,羊脑取出,为了使羊头肉洁白,将羊头肉泡在凉开水中 1 h,取出沥净水待用;
		步骤 3:将食用盐 8 g、糖、酱油、醋、味精、香油、红油、熟花椒面和解好的麻酱放在碗内搅拌均匀即成怪味汁,待用;
		步骤 4:将葱白切成马耳朵形放在盘底,将晾凉的羊头肉切片放在葱的上面,浇上兑制好的怪味汁,撒上熟芝麻,吃时拌匀即可。
技术关键		(1) 去毛山羊头一定要从里到外刷洗干净; (2) 煮熟的羊头肉要在凉开水中泡 1 h,羊头肉会更白,肉质会更脆嫩; (3) 掌握怪味汁的兑制比例。
类似菜肴		羊头捣蒜。

怪味羊头肉

 椒麻金钱肚

视频：
椒麻金钱肚

一、菜肴介绍

椒麻金钱肚是选用金钱肚作为食材,金钱肚也就是牛的胃。牛有四个胃,分别负责不同的功能,金钱肚就是牛的第二个胃,这个胃又被称为蜂巢胃,因形状酷似铜钱,故又名金钱肚。金钱肚中含有大量的矿物质及其他营养成分,有很高的食用价值。椒麻金钱肚的烹调方法是"拌",菜肴定名方式是主料名称前加味型,成品特点是色泽金黄、椒麻无比、软脆适中。

二、菜肴制作

1 椒麻金钱肚的加工流程

金钱肚初加工→煮制牛肚→兑制椒麻汁→装盘

2 椒麻金钱肚的加工制作

加工设备、工具		灶具、砧板、刀具、食用碱、粗盐、盛器等。
原料	主辅料	金钱肚 1 kg、黄瓜 200 g。
	调味料	食用盐 19 g、味精 9 g、青葱叶 18 g、花椒油 14 g、香油 3 g、酱油 22 g、高汤 17 g、葱段 20 g、姜片 15 g、八角 2 枚、料酒 50 g。

续表

加工步骤	步骤1:金钱肚在冷水中浸泡约20 min,目的是去除浮在金钱肚上的杂质,再把金钱肚翻过来,用剪刀去除上面的肥油,取适量的食用碱,正反面反复揉搓,食用碱一定要涂抹均匀,大约揉3 min,用水冲净,用粗盐加面粉再次涂抹金钱肚,反复揉搓。面粉可以起到带走金钱肚上面污物的作用,粗盐也有此作用,2~3 min后冲水洗净; 步骤2:将清洗干净的金钱肚冷水下锅,加入葱段、姜片、八角、料酒、食用盐,煮制2 h成熟后捞出晾凉待用; 步骤3:将食用盐、味精、青葱叶、花椒油、香油、酱油、高汤放在一个碗内搅拌均匀即成椒麻汁,待用; 步骤4:将黄瓜改刀成片放在盘子底部,将煮熟的金钱肚改刀成片放在黄瓜片上,浇上兑好的椒麻汁,食用时拌匀即可。
技术关键	(1) 金钱肚必须用清水反复泡制,清理干净方可煮制; (2) 掌握好椒麻汁的调制比例; (3) 煮制金钱肚需用中小火,可根据金钱肚的老嫩程度适当增减时间。
类似菜肴	蒜拌肚条。

椒麻金钱肚

一、菜肴介绍

酱香羊蹄是内蒙古地区的一道特色小吃。羊蹄富含胶原蛋白,有美容功效,对骨关节还有润滑作用,经常食用具有保健作用。酱香羊蹄的烹调方法是"酱",菜肴定名方式是主料名称前加烹调方法,成品特点是色泽红润、酱香浓郁、质地软烂。

二、菜肴制作

1 酱香羊蹄的加工流程

羊蹄初加工→煮制羊蹄→装盘

2 酱香羊蹄的加工制作

加工设备、工具		灶具、砧板、刀具、喷灯、盛器等。
原料	主辅料	鲜羊蹄 20 个。
	调味料	食用盐 15 g、葱段 50 g、姜片 50 g、蒜 20 g、老抽 30 g、料酒 30 g、花椒 5 g、八角 8 g、草果 5 g、干辣椒节 8 g、桂皮 3 g、小茴香 5 g、豆蔻 6 g。
加工步骤		步骤 1：鲜羊蹄用喷灯烧去蹄子上的羊毛，用刀片刮干净，去掉羊靴，在冷水中浸泡 1 h 后清洗表面污物，反复换水 3 次以上，将羊蹄刮洗得干干净净待用； 步骤 2：将洗净的羊蹄冷水下锅，烧开后撇去浮沫，捞出另起锅加清水后放入羊蹄，加料酒烧开后撇去浮沫，加入老抽、食用盐略煮，再放入葱段、姜片、蒜、花椒、八角、草果、干辣椒节、桂皮、小茴香、豆蔻，小火盖上锅盖煮制 1～2 h，然后关火焖制 1～2 h 入味后控下汤汁捞出，晾凉待用； 步骤 3：将晾凉的羊蹄改刀装盘或整只装盘，装盘后点缀即可上桌。
技术关键		（1）羊蹄必须清洗干净，必须达到无毛且洁白的状态； （2）羊蹄煮制完成后必须焖制，目的是进一步入味，质地达到软烂。
类似菜肴		酱香猪手。

酱香羊蹄

 姜汁牛舌

一、菜肴介绍

　　姜汁牛舌是选用内蒙古地区黄牛的牛舌煮制成熟后辅以姜汁拌食的一道风味凉菜。食用牛舌可以有效地补充身体所需要的蛋白质、维生素 A,还有胡萝卜素等,还可以增强筋骨。姜汁牛舌的烹调方法是"拌",菜肴定名方式是主料名称前加味型,成品特点是口味咸鲜、姜味浓郁、质地软嫩。

二、菜肴制作

① 姜汁牛舌的加工流程

牛舌初加工→煮制牛舌→拌制→装盘

② 姜汁牛舌的加工制作

加工设备、工具		灶具、砧板、刀具、盛器等。
原料	主辅料	牛舌 1 kg、洋葱 100 g。
	调味料	食用盐 25 g、醋 21 g、姜汁 36 g、香油 14 g、高汤 50 g、葱段 30 g、姜片 20 g、料酒 50 g、白胡椒 2 g、蒜 15 g、香叶 1 g。
加工步骤		步骤 1:牛舌清洗干净后,放入沸水中焯烫 3～5 min,煮到牛舌苔发白,稍稍卷起后捞出,捞出后用清水冲洗牛舌表面的黏液,然后用小刀刮掉牛舌表面白色的舌苔,最后用小刀划开一个小口,将牛舌表面的皮剥掉,清洗干净待用; 步骤 2:将剥去外皮清洗干净的牛舌冷水下锅,放入料酒,烧开后撇去浮沫,放入葱段、姜片、白胡椒、蒜、香叶,然后移到小火上煮制 2.5 h 后捞出晾凉待用; 步骤 3:将洋葱切片后放在盘子底部,煮熟的牛舌切片摆在洋葱片的上面,然后将食用盐、醋、姜汁、香油、高汤放在一起搅拌均匀倒在牛舌片上,点缀后即可上桌。
技术关键		(1)牛舌必须要刮去表面白色的舌苔; (2)牛舌经焯水后必须剥掉表面的皮; (3)煮制牛舌时一般采用小火; (4)煮制的时间视情况而定,一般情况下需要煮制 2.5 h 左右。
类似菜肴		姜汁皮蛋、姜汁猪舌、姜汁羊舌。

姜汁牛舌

视频：
麻酱豆角

一、菜肴介绍

麻酱豆角是选用长豆角（也叫豇豆角），辅以麻酱汁调制而成的一道凉菜。长豆角富含蛋白质，以及少量的胡萝卜素、B族维生素，还有维生素 C，是一种营养价值较高的蔬菜，长豆角的干物质中蛋白质含量能达到 2.7%，是很好的植物蛋白的来源。人们常将长豆角作为主菜食用，长豆角从传统医学上说有健脾和胃的功效。多食长豆角，还能治疗呕吐、打嗝等肠胃不适症。麻酱豆角的烹调方法是"拌"，菜肴定名方式是主料名称前加味型，成品特点是口味咸香、口感脆嫩、色泽碧绿。

二、菜肴制作

❶ 麻酱豆角的加工流程

豆角焯水→兑制麻酱汁→装盘

❷ 麻酱豆角的加工制作

加工设备、工具		灶具、砧板、刀具、盛器等。
原料	主辅料	长豆角 300 g。
	调味料	食用盐 3 g、糖 3 g、香油 12 g、高汤 15 g、解开的芝麻酱 20 g、熟芝麻 2 g。

59

加工步骤	步骤1：长豆角清洗干净，改刀成段，焯熟、投凉，捞出沥净水装盘待用； 步骤2：将食用盐、糖、香油、高汤、解开的芝麻酱放在碗内搅拌均匀即成麻酱汁； 步骤3：将调制好的麻酱汁浇在盘内的长豆角上，撒上熟芝麻，吃时搅拌均匀即可。
技术关键	（1）要选择新鲜、脆嫩、无破损的长豆角； （2）长豆角在焯水时一定要煮熟，但还要保持其脆度； （3）熟练掌握调制麻酱汁的调味品的克数和比例。
类似菜肴	麻酱油麦菜、麻酱角瓜丝、麻酱笋丝。

麻酱豆角

视频：
麻辣牛肉干

  麻辣牛肉干

一、菜肴介绍

　　麻辣牛肉干是选用内蒙古地区的黄牛肉热作凉食的一道凉菜。黄牛肉具有高蛋白、低脂肪的特点，所以在内蒙古地区特别受欢迎。麻辣牛肉干的烹调方法是"爆"，菜肴定名方式是主料名称前加味型，成品特点是麻辣鲜香、干香质艮、色泽棕红。

二、菜肴制作

❶ 麻辣牛肉干的加工流程

　　牛肉改刀后焯水→炸制牛肉→爆制牛肉→装盘

❷ 麻辣牛肉干的加工制作

加工设备、工具		灶具、砧板、刀具、盛器等。
原料	主辅料	黄牛肉 1 kg。
	调味料	食用盐 13 g、葱段 15 g、姜片 15 g、花椒 8 g、干辣椒 8 g、酱油 20 g、香油 10 g、味精 5 g、熟芝麻 2 g 等。
加工步骤		步骤 1：黄牛肉改刀成 0.5 cm 厚的大片，在清水中浸泡出血水，然后焯水捞出待用； 步骤 2：将焯水后的黄牛肉片沥净水，待锅中的油温升至 150 ℃，将黄牛肉片放入油中炸制，呈棕红色时捞出待用； 步骤 3：炒锅重新上火，加底油烧热，放入葱段、姜片、花椒、干辣椒，炒出香味，烹入料酒，加入清水，放入食用盐、酱油、味精，然后放入炸好的牛肉片，改小火加热 1 h，将汤汁收干后淋入香油，最后将牛肉片捡出装盘，晾凉后撒上熟芝麻即可。
技术关键		（1）黄牛肉改刀后必须泡出血水； （2）黄牛肉改刀时必须采用顶刀切制； （3）爆制类菜肴一定要注意食用盐的用量。
类似菜肴		陈皮牛肉、麻辣兔肉、陈皮鸡翅。

麻辣牛肉干

葱香托县豆腐

视频：
葱香托县豆腐

一、菜肴介绍

葱香托县豆腐是选用内蒙古托县地区的豆腐，以葱香汁调制而成的一道深受老百姓喜爱的凉菜。托县豆腐,城乡有别。城里的豆腐以细腻的"豆香味"著称,而乡村的豆腐则以"糊巴味"别具特色。两种豆腐都以其做工精细、入口细腻、味道鲜美纯正的特点而远近闻名。它既是大众化的素菜,又是当地人馈赠亲友的佳品。葱香托县豆腐的烹调方法是"拌",菜肴定名方式是主料名称前加味型和地名,成品特点是口味咸鲜、葱香味浓、豆香味纯正。

二、菜肴制作

1 葱香托县豆腐的加工流程

豆腐改刀→拌制豆腐→装盘

2 葱香托县豆腐的加工制作

加工设备、工具		灶具、砧板、刀具、盛器等。
原料	主辅料	托县豆腐 300 g、香葱末 31 g。
	调味料	食用盐 6 g、糖 3 g、鸡汤 40 g、葱油 13 g、味精 5 g。
加工步骤		步骤 1:将豆腐放在砧板上,用刀抹成豆腐泥待用,香葱改刀成香葱末; 步骤 2:取一只碗,将所有的调味料和鸡汤放在碗内搅匀,然后倒入豆腐内,放上香葱末拌匀即可; 步骤 3:将拌好的豆腐装在盘内,上面撒上剩余的 10 g 香葱末即可。
技术关键		(1) 豆腐需要选用托县豆腐; (2) 豆腐一定要用刀抹细; (3) 香葱末需分两部分放入豆腐内,一部分和豆腐拌在一起,另一部分洒在上面起装饰的作用。
类似菜肴		葱香腐竹、葱香豆腐皮、葱香蚕豆。

葱香托县豆腐

视频：
酸辣卜留克

一、菜肴介绍

　　酸辣卜留克的食材是生长在内蒙古东部地区的一种十字花科的植物,主要食其根部,学名芜菁甘蓝,也叫洋大头菜、卜留克。卜留克根部可生食、可盐腌、可热炒,营养价值极为丰富,有明目、温肺、益乳、益肝、和胃、润肠等功效。酸辣卜留克的烹调方法是"腌",菜肴定名方式是主料名称前加味型,成品特点是酸辣适口、质地脆嫩、色泽微黄。

二、菜肴制作

❶ 酸辣卜留克的加工流程

卜留克初加工→卜留克改刀→腌制→装盘

❷ 酸辣卜留克的加工制作

加工设备、工具		灶具、砧板、刀具、盛器等。
原料	主辅料	卜留克 900 g,红、绿青椒各 50 g。
	调味料	食用盐 30 g、醋 60 g、红油 118 g、糖 24 g、香油 24 g、味精 24 g。
加工步骤		步骤 1:卜留克清洗干净,削去外皮待用; 步骤 2:卜留克改刀成条,红、绿青椒改刀成条; 步骤 3:将食用盐、醋、红油、糖、香油、味精放在碗内搅拌均匀即成酸辣汁,然后将切好的卜留克条和红、绿青椒条放在兑好的酸辣汁中腌制 3 h 即可装盘。
技术关键		(1) 卜留克一定要选用肉质脆嫩的来腌制; (2) 掌握酸辣汁的调配比例。
类似菜肴		酸辣瓜条、酸辣藕片、酸辣白菜。

酸辣卜留克

特色拌莜面

一、菜肴介绍

特色拌莜面是内蒙古地区较有特色的一道凉菜，由家庭凉拌莜面演变而来，再经专业厨师的进一步提炼而成为内蒙古地区老百姓餐桌上的必备佳肴。特色拌莜面里土豆是必不可少的，两者结合可谓珠联璧合、相得益彰。特色拌莜面的烹调方法是"拌"，菜肴定名方式是主料名称前加烹调方法，成品特点是口味咸鲜、质地软韧、品有余香。

二、菜肴制作

1 特色拌莜面的加工流程

主辅料初加工→拌制莜面→装盘

2 特色拌莜面的加工制作

加工设备、工具		灶具、砧板、刀具、盛器等。
原料	主辅料	蒸熟的莜面 400 g，蒸熟的土豆 150 g。
	调味料	食用盐 5 g、葱花 5 g、香菜 5 g、胡麻油 20 g、味精 3 g、炸辣椒 5 g、生抽 5 g、高汤 15 g。
加工步骤		步骤 1：将蒸熟的莜面用手撕开，蒸熟的土豆制成土豆泥，香菜切碎，葱花用胡麻油炸成葱花油待用； 步骤 2：土豆泥和莜面放在一起，然后加入生抽、高汤、食用盐、葱花油、炸辣椒，拌匀即可； 步骤 3：将拌好的莜面装入盘内，上面撒上香菜末，即可上桌。
技术关键		(1) 拌制莜面的时候要适当加入一些高汤，不然莜面比较干，影响口感； (2) 拌制莜面必须用当地出产的胡麻油炸制葱花油； (3) 拌制莜面要有土豆泥作为配料，口感更佳。
类似菜肴		凉拌荞面、凉拌面皮。

特色拌莜面

 糖醋鲤鱼片

一、菜肴介绍

糖醋鲤鱼片是以黄河内蒙古段巴彦淖尔市河套地区的金色黄河大鲤鱼为原料,辅以糖醋味型的一道美味凉菜。糖醋鲤鱼片的烹调方法是"拌",菜肴定名方式是主料名称前加味型,成品特点是口味甜酸、质地酥脆。

二、菜肴制作

1 **糖醋鲤鱼片的加工流程**

鲤鱼去骨→鱼片过油→熬制糖醋汁→裹糖醋汁→装盘

2 **糖醋鲤鱼片的加工制作**

加工设备、工具		灶具、砧板、刀具、盛器等。
原料	主辅料	金色黄河大鲤鱼一尾。
	调味料	食用盐 8 g、糖 200 g、大红浙醋 60 g、镇江香醋 100 g、橙汁 20 g、山西老陈醋 60 g、葱姜料油 20 g、番茄酱 20 g 等。
加工步骤		步骤1:将金色黄河大鲤鱼去鳞、去鳃、去内脏,洗净,然后去头、去尾、去脊椎骨、去翅骨,留净鱼肉浸泡待用; 步骤2:将净鱼肉片成厚 0.5 cm 的片,入六成热的油中炸制,待成熟并酥脆后捞出待用;

加工步骤	步骤 3：炒锅重新上火，放入葱姜料油烧热，放入番茄酱、橙汁略炒，然后依次放入大红浙醋、镇江香醋、山西老陈醋、糖、食用盐和少许水，调好口味，小火熬制，待糖醋汁浓稠后将炸好的鱼片放入锅中裹拌均匀出锅，晾凉装盘即可。
技术关键	（1）炸鱼片的油温要控制在六成热； （2）鱼肉片的厚度不得小于 0.5 cm； （3）熬制糖醋汁时，醋的用量要比糖多一些，因为在熬制过程中醋会有一部分挥发。
类似菜肴	糖醋排骨、糖醋小黄鱼。

糖醋鲤鱼片

第四模块

内蒙古特色热菜的制作工艺

知识目标

1. 了解内蒙古特色热菜的种类。
2. 掌握内蒙古特色热菜的制作方法。
3. 掌握内蒙古特色热菜的成品特点。

能力目标

　　通过学习本模块,学生应熟知内蒙古特色热菜的品类,熟知内蒙古特色热菜的制作工艺流程,熟知内蒙古特色热菜的制作技术关键,为更好地制作内蒙古热菜打下坚实的基础。

视频:
葱爆羊肉

葱爆羊肉

一、菜肴介绍

　　葱爆羊肉是内蒙古地区的一道传统风味菜肴,深受当地老百姓的青睐,应该是当地生活中很常见的一道佳肴。一般选用内蒙古草原的鲜羊肉,烹制方法属于"爆",这种技法火大,油温高,炒制时间短,烹速快,菜肴定名方式为主料名称前辅以烹调方法,特点是口味鲜嫩、质地软嫩、葱香浓郁。

二、菜肴制作

❶ 葱爆羊肉的加工流程

　　选料→成形→腌制→炒制装盘

❷ 葱爆羊肉的加工制作

加工设备、工具		灶具、砧板、刀具、盛器等。
原料	主辅料	鲜羊肉 300 g、大葱 100 g。
	调味料	食用盐 5 g、酱油 10 g、醋 5 g、料酒 15 g、姜末 10 g、色拉油 30 g、香油 3 g、味精 3 g、花椒水 10 g 等。

Note

续表

加工步骤	步骤1:将鲜羊肉切成薄片,大葱切成滚刀块; 步骤2:将鲜羊肉、大葱放入容器中,加入食用盐、味精、料酒、酱油、花椒水、姜末,拌匀; 步骤3:锅中放入色拉油烧热,放入拌匀的羊肉,快速炒散,烹醋,大火爆制成熟装盘。
技术关键	(1)选料要选用鲜嫩羊肉,否则肉质会影响菜肴质量; (2)控制好火候,短时间加热; (3)羊肉片宽薄,厚约0.1 cm。
类似菜肴	特色羊肉、沙葱羊肉。

葱爆羊肉

一、菜肴介绍

酱爆羊肉丁是用羊后腿肉,用"酱爆"的方法制成的一道内蒙古风味菜肴,菜肴定名方式为主料名称前辅以烹调方法。酱爆属于一种特殊的烹调方法,不勾芡,所用酱汁自然黏成稠汁,最终包裹在食材的表面。这种技法成熟较快,成品特点是口味甜咸、酱香浓郁、质地脆嫩。

二、菜肴制作

① 酱爆羊肉丁的加工流程

选料加工→腌制、挂浆→过油→炒酱爆制→装盘

② **酱爆羊肉丁的加工制作**

加工设备、工具		灶具、砧板、刀具、盛器等。
原料	主辅料	羊后腿肉 350 g、黄瓜丁 50 g、鸡蛋 50 g、淀粉 20 g。
	调味料	色拉油 700 g、姜末 10 g、甜面酱 75 g、糖 30 g、食用盐 5 g、香油 5 g、味精 5 g、料酒 10 g、花椒水 10 g。
加工步骤		步骤 1：将羊肉改刀成 1 cm 的正方体，用食用盐 2 g、味精、料酒、花椒水腌制，加入淀粉、鸡蛋，挂糊上浆； 步骤 2：锅内放油，烧至 150 ℃时倒入羊肉丁，滑散，捞出备用； 步骤 3：锅内放油，放入甜面酱微炒，加姜末，加水烧开，投入糖、食用盐，用大火收稠汁，倒入熟羊肉丁、黄瓜丁，裹拌均匀装盘。
技术关键		(1) 选用较嫩的新鲜羊后腿肉，保证成品质量； (2) 防止甜面酱炒煳，小火熬制，不用勾芡； (3) 用油不能太多，否则酱汁不易包裹。
类似菜肴		酱爆肉丁。

酱爆羊肉丁

一、菜肴介绍

滑炒驼峰丝是内蒙古传统名菜，以丰腴醇厚、形美味香、营养丰富而闻名。该菜的烹饪方法是"滑炒"，菜肴定名方式为主料名称前辅以烹调方法，特点是口味咸鲜、色彩艳丽、醇香味美，是高档宴席选用的菜肴。驼峰是内蒙古特殊原材料，历来被视为珍品。

二、菜肴制作

1 **滑炒驼峰丝的加工流程**

选料→加工成形→腌制、上浆→过油→装盘

2 **滑炒驼峰丝的加工制作**

加工设备、工具		灶具、砧板、刀具、盛器等。
原料	主辅料	驼峰 500 g、香菜梗 50 g、香菇丝 20 g 等。
	调味料	葱丝 10 g、姜丝 10 g、蒜片 10 g、食用盐 6 g、味精 4 g、料酒 25 g、白醋 5 g、香油 3 g 等。
加工步骤		步骤 1：将驼峰切成直径为 0.25 cm、长 5～7 cm 的丝，焯水后用食用盐、味精、料酒腌制，加入骨汤、淀粉上浆； 步骤 2：锅内放油，烧至 100 ℃ 时下驼峰丝，滑散捞出； 步骤 3：锅中剩底油下葱丝、姜丝、蒜片炝锅，放入萝卜丝、香菇丝略炒，放入驼峰煸炒，放入食用盐、味精、料酒、白醋，最后放入香菜梗，勾芡，淋香油装盘。
技术关键		(1) 要选用驼峰的甲峰，其肉质稍红，质量为上乘； (2) 改刀成形后要进行焯水，再腌制、上浆，否则会断裂； (3) 锅内停留时间不宜太长。
类似菜肴		滑炒鱼丝、滑炒羊尾丝。

滑炒驼峰丝

 顶霜奶豆腐

一、菜肴介绍

顶霜奶豆腐是内蒙古地区的一道名菜。奶豆腐蒙古语为"浩乳德",是内蒙古著名的"白食",其历史悠久,制作极为精细考究,富含人体所需蛋白质及钙、铁、锌、磷等,是内蒙古地区的主要食品之一,很受牧民的喜爱。该菜的烹调方法属于"挂霜",菜肴定名方式为主料名称前辅以烹调方法,特点是口味甜香、外酥里嫩、奶香浓郁、形态美观。

二、菜肴制作

1 顶霜奶豆腐的加工流程

选料→成形→制糊→挂糊炸制→装盘顶霜

2 顶霜奶豆腐的加工制作

加工设备、工具		灶具、砧板、刀具、盛器等。
原料	主辅料	奶豆腐 250 g、蛋清 150 g、淀粉 60 g、面粉 50 g、朱古力 10 g。
	调味料	糖 75 g(色拉油 1 kg)。
加工步骤		步骤1:将奶豆腐切成 2 cm 的正方体待用; 步骤2:将蛋清搅打成蛋泡沫,加入淀粉、面粉调制成蛋泡糊待用; 步骤3:锅内放色拉油烧至 100 ℃时,将奶豆腐挂蛋泡糊下锅炸至金黄色,捞出装盘,撒上糖、朱古力即可。
技术关键		(1) 蛋泡糊的制作很关键,一般是搅打至糊能让筷子竖立为标准; (2) 油温不宜过高,否则蛋白质发生美拉德反应变色,影响菜肴质量。
类似菜肴		顶霜香蕉、顶霜西红柿。

顶霜奶豆腐

一、菜肴介绍

　　清蒸羊是内蒙古地区的一道传统风味名菜。一般用羊腿作为首选食材,羊腿肉质细嫩,富含蛋白质和维生素,具有防寒温补的作用。清蒸羊的烹调方法属于"清蒸",不加配料,不放有色调味品,味汁不勾芡。菜肴定名方式为主料名称前辅以烹调方法。成品特点是口味咸鲜、肉质软烂、可口醇香、色泽乳白。清蒸羊深受人们的喜爱,是中高档宴席的常见菜肴。

二、菜肴制作

1 清蒸羊的加工流程

> 选料→加工→改刀、装碗→蒸制→装盘

2 清蒸羊的加工制作

加工设备、工具		灶具、砧板、刀具、盛器等。
原料	主辅料	羊肉 800 g。
	调味料	葱段 70 g、姜片 50 g、花椒 10 g、料酒 15 g、食用盐 8 g、香油 3 g、香菜 5 g、葱丝 5 g。
加工步骤		步骤 1:将羊肉切成大块下冷水锅煮至八成熟,捞出撕去表面一层薄膜,切成大片,装入碗内; 步骤 2:在原汤中加入葱段、姜片、花椒、料酒和食用盐烧开,倒入装有羊肉的碗内,上笼蒸半小时左右,取出倒入盘中,去掉葱段、姜片、花椒,撒上葱丝、香菜,淋香油即成。
技术关键		(1) 切肉时,厚薄要均匀,保证成熟一致; (2) 煮制时肉块不能太小,应符合碗面的要求,一般片的长度在 10～12 cm; (3) 若羊肉块大,则适当延长蒸制时间,确保肉质软烂酥香。
类似菜肴		清蒸甲鱼、清蒸鸡。

清蒸羊

一、菜肴介绍

烤羊方是内蒙古地区的一道风味名菜,1991 年被编入《内蒙古大词典》名菜名点中。此菜酥香可口,一般配荷叶饼、甜面酱、葱丝、黄瓜食用,是中高档宴席的风味菜肴。烹调方法属于"烤",菜肴定名方式为主料名称前辅以烹调方法,成品具有外酥里嫩、色泽金黄、酥香可口的特点,深受人们的喜欢。

二、菜肴制作

❶ 烤羊方的加工流程

选料→加工→腌制→烤制→装盘

❷ 烤羊方的加工制作

加工设备、工具		灶具、砧板、刀具、盛器等。
原料	主辅料	羊肉 2 kg、鸡蛋 200 g、淀粉 150 g、面粉 50 g、荷叶饼 12 张、黄瓜丝 100 g、葱丝 75 g。
	调味料	色拉油 50 g、椒盐 30 g、醋 25 g、料酒 50 g、姜粉 30 g、小茴香 20 g、甜面酱适量。
加工步骤		步骤 1:将羊肉切成边长为 15～20 cm 的正方形,两面用竹签扎孔,放入铁盘内,将调味料在羊排两面转磨,反复揉搓,腌制 60 min 左右;

续表

加工步骤	步骤2：用鸡蛋、淀粉、面粉、色拉油制作成全蛋酥糊，涂抹后风干20 min，放入烤箱，升温至200 ℃，烤制5 min等待羊方定型后，转到180 ℃烤制40 min左右，再升温至220 ℃，烤3～5 min，取出装盘，上菜时带上甜面酱、葱丝、黄瓜丝和荷叶饼。
技术关键	（1）腌制时间不能太短，保证调料入味； （2）全蛋酥糊要略稠一些，以利于定型； （3）烤制时注意温度，才能达到火候要求。
类似菜肴	烤猪方、烤羊排、烤羊腿。

烤羊方

珊瑚鸡茸蹄筋

一、菜肴介绍

　　珊瑚鸡茸蹄筋是内蒙古地区的一道传统风味菜肴。牛蹄筋是牛脚掌的筋腱，富含人体所需的蛋白质和磷、钾等微量元素，能增强细胞的新陈代谢，使皮肤更富有弹性、韧性，对腰膝酸软有很好的食疗作用，是一种好的烹饪食材。用它烹制的菜肴别有风味，历来被视为宴席上品。该菜的烹调方法是"烧"，是在预制好的食材中加入适量汤汁，调味品用明火烧沸，中小火加热，使食材适度软烂，而后勾芡成菜；菜肴定名方式为主料名称前辅以辅料和形色特征；具有口味咸鲜、质地软嫩、甜香可口、形似珊瑚的特点，是中高档宴席的风味菜肴。

二、菜肴制作

1 珊瑚鸡茸蹄筋的加工流程

　　选料→加工→制鸡茸糊→挂糊汆制→烧制→装盘

❷ 珊瑚鸡茸蹄筋的加工制作

加工设备、工具		灶具、砧板、刀具、盛器等。
原料	主辅料	水发牛蹄筋 300 g、鸡胸肉 120 g、蛋清 50 g、湿淀粉 20 g、枸杞 30 g。
	调味料	食用盐 6 g、味精 4 g、鸡粉 5 g、料酒 20 g、葱姜汁 20 g、鲜汤 300 g、葱姜油 5 g、香油 3 g。
加工步骤		步骤 1:将水发牛蹄筋切成长 6～7 cm、宽 0.8 cm、厚度为 0.2 cm 的柳叶片,焯水捞出待用; 步骤 2:将鸡胸肉切成鸡茸状,加蛋清、湿淀粉、食用盐、味精、料酒、葱姜汁,搅拌成糊状待用; 步骤 3:锅中加鲜汤烧至 95 ℃,将牛蹄筋挂上鸡茸糊下鲜汤内,飘起时捞出; 步骤 4:锅内放葱姜油,烧热后加入料酒,加鲜汤后放入食用盐、味精、鸡粉烧开,投入主料,小火烧至入味,待汤汁剩 1/4 时勾芡,淋葱姜油、香油出锅装盘,撒枸杞即成。
技术关键		(1) 选用适量的上乘牛蹄筋; (2) 牛蹄筋片的厚度要均匀; (3) 鸡茸糊不能稀,应略稠些; (4) 余制时火力不能大,鲜汤不能烧开; (5) 注意芡汁浓度适中。
类似菜肴		扒鸡茸油菜、虾籽鸡脯蹄筋。

珊瑚鸡茸蹄筋

一、菜肴介绍

金蚕吐丝又叫蚕丝鲜奶,是内蒙古地区的一道创新风味名菜,此菜是由赤峰市中国烹饪大师喻永波于 2002 年所创。烹制方法属于"拔丝",这种技法技术含量较高、难度较大。牛奶富含人体所需的蛋白质、维生素、矿物质等,营养价值极高。菜肴定名方式为主料名称前辅以形的特征,具有口味香甜、外酥脆内鲜嫩、色泽金黄的特点,是中高档宴席的风味菜肴。

二、菜肴制作

1 金蚕吐丝的加工流程

选料→加工→制糊→挂糊成形→甩糖丝→裹糖丝、成形→装盘

2 金蚕吐丝的加工制作

加工设备、工具		灶具、砧板、刀具、盛器等。
原料	主辅料	牛奶 300 g、玉米淀粉 80 g、土豆淀粉 80 g、面粉 30 g、泡打粉 5 g、吉士粉、水 150 g 等。
	调味料	糖 300 g。
加工步骤		步骤 1:将玉米淀粉放入牛奶中,加糖 50 g 搅匀,倒入锅内烧开,小火增稠,出锅冷却后,切成长 4 cm、宽 1 cm、厚 1 cm 的正方条状待用; 步骤 2:将土豆淀粉、面粉、吉士粉、泡打粉、水放入容器内搅匀,加入色拉油腌制成糊,静置 10 min 待用; 步骤 3:锅内倒入色拉油烧至 120 ℃时,将冷却的牛奶条拍粉,挂糊逐个下油锅,炸至金黄色时捞出待用; 步骤 4:锅中加水放糖,小火熬制糖浆,出丝时,用特制工具拉出糖丝; 步骤 5:将炸好的"金蚕"裹上糖丝浆,形如吐丝状即成。
技术关键		(1) 注意各料的比例,保证菜肴的质量; (2) 炸制时油温不宜太高,以保证菜肴的色泽; (3) 需小火熬至糖浆透明状为佳,拉丝均匀。
类似菜肴		拔丝鲜奶、拔丝奶豆腐。

金蚕吐丝

一、菜肴介绍

黄焖鸡块是一道传统名菜，以内蒙古草原的散养鸡作为食材，烹调方法是"黄焖"。这种技法是采用较长的时间加热，以达到酥香软烂的效果。菜肴定名方式为主料名称前辅以烹调方法，特点是酥香味浓、酥烂脱骨，适合各类人群。

二、菜肴制作

1 黄焖鸡块的加工流程

选料→加工→过油→焖制→装盘

2 黄焖鸡块的加工制作

加工设备、工具		灶具、砧板、刀具、盛器等。
原料	主辅料	白条鸡 1 只（约 800 g）、湿淀粉 20 g。
	调味料	食用盐 10 g、色拉油 1 kg、料酒 50 g、葱段 60 g、姜片 50 g、花椒水 50 g、大料 20 g、清汤 1 kg、糖 5 g。
加工步骤		步骤 1：将白条鸡斩成 3 cm 的块，过油炸制成金黄色待用； 步骤 2：锅内放些油烧热，下入葱段、姜片、大料炝锅，放入主料烹料酒，加入清汤烧开后撇去浮沫，放入食用盐、花椒水，加盖，小火焖至熟烂，汤汁剩余 1/5 时中火勾芡、淋明油出锅装盘。
技术关键		（1）掌握好油温，应控制在 150 ℃左右； （2）不可放有色调味品，以保证菜肴的质量； （3）焖制时掌握好汤料的比例，中途不宜加水。
类似菜肴		葱焖鸡翅。

黄焖鸡块

 **干烧黄河鲤鱼**

一、菜肴介绍

干烧黄河鲤鱼是用黄河内蒙古段捕捞的鲤鱼,选用干烧的方法制作而成的一道菜肴,制作工序极复杂,火候要求十分严格,此菜属于复合型口味的菜肴,技术要求极高。烹调方法属于"干烧",顾名思义,汤汁基本吸干。菜肴定名方式为主料名称前辅以烹调方法,特点是咸辣醇香、优质明亮、质地鲜嫩,广受人们的喜爱。

二、菜肴制作

❶ 干烧黄河鲤鱼的加工流程

选料→剞花刀→腌制、炸制→烧制→装盘

❷ 干烧黄河鲤鱼的加工制作

加工设备、工具		灶具、砧板、刀具、盛器等。
原料	主辅料	黄河鲤鱼 1 尾(750～1000 g)、猪肉丁(肥瘦都有)100 g、榨菜 15 g、冬笋 15 g、红萝卜丁 20 g、黄萝卜丁 20 g、青豆 15 g。
	调味料	食用盐 5 g、菜籽油 1 kg、蚝油 50 g、酱油 50 g、料酒 30 g、醋 30 g、糖 50 g、味精 5 g、香油 10 g、红油 40 g、泡椒 50 g、鲜汤 500 g、葱粒 50 g、姜末 30 g、蒜末 30 g。
加工步骤		步骤 1:将黄河鲤鱼加工洗净,剞一字花刀或双十字花刀; 步骤 2:将剞有花刀的黄河鲤鱼用酱油、料酒腌制,下油锅炸制,呈红褐色时捞出; 步骤 3:锅内放底油烧热,投入猪肉丁略煸炒,下泡椒炒出红油,下姜末、蒜末炝锅,放榨菜、冬笋、萝卜丁略炒,烹醋后加入鲜汤,上火,放食用盐、糖、酱油、味精烧开,放入主料,大火烧开,小火烧至全熟,汤汁收干时,淋入红油、蚝油,将整条鱼拖入腰盘中,再收锅中的调料,浇于鱼身上即可。
技术关键		(1) 严格把控火候,大火烧制,小火收汁; (2) 主料要选用黄河内蒙古段捕捞的鲤鱼; (3) 炸制时油温为 180 ℃左右,使表面蛋白质较快均匀凝固; (4) 剞花刀时要注意间距均匀一致,剞到鱼骨即可。
类似菜肴		干烧鳜鱼、干烧武昌鱼、干烧岩鲤。

干烧黄河鲤鱼

桂花羊蹄筋

一、菜肴介绍

桂花羊蹄筋是内蒙古地区的一道传统风味菜肴,选用内蒙古特有的羊蹄筋炒制而成的一道佳肴。羊蹄筋富含胶原蛋白,具有强筋壮骨的作用。烹调方法属于"熟炒",菜肴定名方式为主料名称前辅以辅料名称,特点是口味咸鲜、质地软嫩、色泽黄白、营养丰富、风味独特。

二、菜肴制作

❶ 桂花羊蹄筋的加工流程

选料→加工→烧制→装盘

❷ 桂花羊蹄筋的加工制作

加工设备、工具		灶具、砧板、刀具、盛器等。
原料	主辅料	水发羊蹄筋 300 g、鸡蛋 200 g。
	调味料	食用盐 5 g、味精 4 g、鸡精 3 g、葱椒油 40 g、香油 3 g、料酒 10 g。
加工步骤		步骤 1:将羊蹄筋切片焯水待用,鸡蛋炒散、制熟待用; 步骤 2:锅内放葱椒油 30 g,烧热倒入羊蹄筋,烹料酒加热,加入鸡蛋,边炒边放食用盐、味精、鸡精,炒好后淋香油装盘。

80

续表

技术关键	（1）水发羊蹄筋要软烂，但不影响成形； （2）鸡蛋要炒散，勿结块； （3）熟炒需用中小火，入味即可。
类似菜肴	桂花虾仁、桂花羊宝。

桂花羊蹄筋

一、菜肴介绍

陈皮驼肉是选用内蒙古阿拉善盟的骆驼肉，采用川菜的技法制成的一道创新蒙菜。该菜的烹调方法属于"炸"，这种技法是采用长时间加热；菜肴定名方式为主料名称前辅以特殊的味型，特点是麻辣鲜香、陈皮味浓、略带甘甜、质感醇香。凉热均可食用，适宜佐酒。

二、菜肴制作

1 陈皮驼肉的加工流程

选料→加工→过油→炸制→装盘

2 陈皮驼肉的加工制作

加工设备、工具		灶具、砧板、刀具、盛器等。
原料	主辅料	驼后腿肉 1 kg、陈皮 100 g。
	调味料	食用盐 20 g、味精 5 g、糖 50 g、红油 50 g、香油 10 g、葱段 50 g、姜片 50 g、蒜 50 g、干辣椒段 30 g、花椒 20 g、色拉油 1 kg、料酒 50 g、鲜汤 1.2 kg。

续表

加工步骤	步骤1：将驼后腿肉改成直径1.5 cm、长约7 cm的条状过油； 步骤2：锅内放底油，烧热，放入葱段、姜片、蒜、花椒、干辣椒段、陈皮煸炒出香味，捞出一半待用，下入驼肉条，烹入料酒，加鲜汤，大火烧开，投入食用盐、糖、味精，小火炸至全熟，待汤汁收干时，淋红油、香油出锅装盘。
技术关键	（1）要选择形态完整、肌肉组织紧密、富有弹性的食材； （2）掌握好炸制火候，一般来说，火力越小越好，时间要根据食材的品质而定。
类似菜肴	炸肉段、酥炸鲫鱼。

陈皮驼肉

一、菜肴介绍

　　烩羊三宝是内蒙古地区的一道创新蒙菜，是利用羊脑、羊脊髓和羊宝制作而成的一道汤菜，故称烩羊三宝。该菜富含人体所需的蛋白质、维生素和矿物质等，具有滋阴补阳、健脑生髓的作用，很受中老年人的喜爱。烹调方法属于"烩"，是将初步处理和加工的几种小型食材混合下锅，加入适量的汤和调料，用较短的时间加热后，勾芡成菜的一种技法。菜肴定名方式为主料名称前辅以烹调方法，特点是口味咸鲜、细嫩润滑、质地软糯、菜汁合一。

二、菜肴制作

❶ 烩羊三宝的加工流程

　　　选料→初步处理→加工成形→烩制→装盘

② **烩羊三宝的加工制作**

加工设备、工具		灶具、砧板、刀具、盛器等。
原料	主辅料	羊脑 1 个约 75 g、羊脊髓 70 g、羊宝 1 个约 75 g、香菜 5 g。
	调味料	食用盐 15 g、葱段 30 g、姜片 30 g、花椒 10 g、香油 2 g、胡椒粉 2 g、酱油 2 g、味精 2 g、高汤 500 g。
加工步骤		步骤 1：将羊脑、羊脊髓、羊宝用凉水冲洗干净，下入凉水锅内，放入葱段、姜片、花椒、食用盐，大火烧开后撇去浮沫，小火煮至全熟； 步骤 2：将煮熟的羊宝切丝，羊脊髓切成 5 cm 长的段，羊脑制成规则颗粒； 步骤 3：锅内加高汤烧开，放入羊脑、羊脊髓、羊宝和食用盐、味精、胡椒粉、酱油，烧开勾芡淋香油，撒上香菜即可。
技术关键		（1）选用细嫩无骨的小型食材； （2）烩制时间不宜过长，一般为 3～5 min； （3）烩菜一般是汤多菜少，汤料为高汤，注意汤汁浓稠度。
类似菜肴		烩三丝。

烩羊三宝

一、菜肴介绍

　　煎烹牛肉丝是内蒙古地区的一道传统风味名菜，选用内蒙古草原黄牛后腿肉，采用"煎烹"的手法制作而成。这种技法比较特殊，技术含量较高，既讲究刀工，又要求勺工，是考核厨师基本功的一道菜肴。主料名称前辅以烹调方法，特点是口味咸鲜、外酥里嫩、色泽褐红、形态完整，适用于中档宴席。

二、菜肴制作

1 煎烹牛肉丝的加工流程

选料→刀工处理→煨制、上浆→装盘

2 煎烹牛肉丝的加工制作

加工设备、工具		灶具、砧板、刀具、盛器等。
原料	主辅料	牛后腿肉 400 g、蛋清 30 g。
	调味料	葱姜蒜各 10 g、淀粉 30 g、色拉油 600 g、花椒水 10 g、大料汁 10 g、食用盐 5 g、味精 3 g、料酒 10 g 等。
加工步骤		步骤 1：将牛后腿肉切成直径为 0.25 cm、长为 6～7 cm 的丝，用净水泡去血水，煨制、上浆待用； 步骤 2：锅中放色拉油烧至 120 ℃时，放入肉丝滑油至半熟，倒入漏勺，控尽油，锅内剩底油将肉丝慢慢倒入锅中，小火加热，煎至褐红色、表面发焦时，烹入事先兑好的清汁（将所有调味料放在碗里搅拌均匀），即可出锅。
技术关键		（1）牛肉丝粗细要均匀，注意将血水去掉，否则颜色太重； （2）滑油半熟，否则煎制不宜成形； （3）注意火候，中小火煎制。
类似菜肴		煎烹肉丝、煎烹鸡丝。

煎烹牛肉丝

视频：
汆羊肉丸子

一、菜肴介绍

汆羊肉丸子是内蒙古地区的一道传统汤菜，深受当地民众的喜爱。烹调方式属于

"汆",这种技法是采用极短的时间加热,以突出食材自身鲜味效果制成的汤菜。汤料的比例为7∶3,菜肴定名方式为主料名称前辅以烹调手法,特点是口味咸鲜、质地细嫩、汤清味醇。

二、菜肴制作

❶ 汆羊肉丸子的加工流程

选料→制馅→基本调味→汆制→装盘

❷ 汆羊肉丸子的加工制作

加工设备、工具		灶具、砧板、刀具、盛器等。
原料	主辅料	羊后腿肉 250 g、肥肉 50 g、湿淀粉 50 g、蛋清 50 g、木耳 20 g、香菜 10 g。
	调味料	食用盐 10 g、味精 5 g、料酒 40 g、香油 3 g、胡椒粉 3 g、葱姜水 50 g 等。
加工步骤		步骤 1:将羊后腿肉、肥肉剁制成馅,加入蛋清、湿淀粉、葱姜水 40 g、清水 50 g、食用盐 5 g、料酒 20 g、味精 2 g,搅拌上劲待用; 步骤 2:锅内放水烧至 90 ℃时,将腌制好的羊肉馅挤成直径为 2 cm 的小丸子逐一下锅煮制,待丸子漂浮至水面时,继续加热 30 s 后捞出,放入汤盆中待用; 步骤 3:原汤加入食用盐、味精、料酒、胡椒粉、葱姜水烧开,撇去浮沫,下入木耳定口后,倒入汤盆内,撒上香菜,淋上香油即可。
技术关键		(1) 注意选料的肥瘦搭配比例,确保菜肴的质感; (2) 掌握好火候与时间,一般短时间加热; (3) 注重菜形的美观,大小均匀摆盘,不能太满,距离盘边缘应为 1 cm。
类似菜肴		汆牛肉丸子、汆鸡茸。

汆羊肉丸子

视频：
草原炒鲜奶

草原炒鲜奶

一、菜肴介绍

草原炒鲜奶是内蒙古地区的一道创新风味菜肴,是利用鲜奶配以蛋清,用"软炒"的方法烹制而成。菜肴定名方式为主料名称前辅以地名和烹制方法,特点是口味咸鲜、质感软嫩、奶香浓郁、营养丰富,适合小孩、老人、孕妇、产妇等食用。

二、菜肴制作

1 草原炒鲜奶的加工流程

选料→搭配→调味→炒制→装盘

2 草原炒鲜奶的加工制作

加工设备、工具		灶具、砧板、刀具、盛器等。
原料	主辅料	鲜牛奶 500 g、蛋清 200 g、湿淀粉 40 g、色拉油 50 g、青豆 20 g。
	调味料	食用盐 5 g、味精 5 g、料酒 5 g、葱姜汁 10 g 等。
加工步骤		步骤 1:将鲜牛奶 250 g 烧开晾凉后,加入另一半鲜牛奶和蛋清搅拌均匀,放食用盐、味精、料酒、葱姜汁、湿淀粉和糖待用; 步骤 2:锅上火烧热,放色拉油,然后边炒边慢慢倒入牛奶,分几次加入色拉油,等牛奶凝固成形至熟倒入盘内,撒上青豆即可。
技术关键		(1) 原料之间的配比要恰当,调味在加热前一次性完成; (2) 火候的掌握很重要,小火慢慢炒制,否则易糊锅影响菜肴质量; (3) 注意油、锅、料都要干净卫生。
类似菜肴		三不沾、溜黄菜。

草原炒鲜奶

视频：
干煎牛肉饼

一、菜肴介绍

"干煎牛肉饼"是内蒙古地区的一道创新风味菜肴,烹调方法属于"煎"。这种技法对火候要求十分严格,需油量少,两面煎制,加热时间较长,以突出食材外酥里嫩、口味咸鲜、色泽褐红、风味别致的特点。

二、菜肴制作

1 干煎牛肉饼的加工流程

选料→加工→腌制→制饼→煎制→装盘

2 干煎牛肉饼的加工制作

加工设备、工具		灶具、砧板、刀具、盛器等。
原料	主辅料	牛前肩肉 350 g、鸡蛋 50 g、湿淀粉 30 g。
	调味料	葱姜汁 50 g、大料面 10 g、花椒面 5 g、酱油 10 g、味精 5 g、料酒 10 g、高汤 80 g、色拉油 100 g。
加工步骤		步骤 1:将牛前肩肉加工成肉馅,加辅料和调味料搅拌均匀,逐一制成厚度为 1 cm 的肉饼状待用; 步骤 2:锅上火烧热,加入色拉油,依次放入牛肉饼,小火煎制,两面金黄色至熟时装入盘内即可。
技术关键		(1) 调味要一次性在煎制前调好,煎制中、煎制后不再调味; (2) 热锅凉油,煎制时间较长,保持外酥里嫩的特点; (3) 肉饼不宜太厚,否则不易成形。
类似菜肴		干煎丸子、干煎羊肉饼。

干煎牛肉饼

视频：
大炸羊

一、菜肴介绍

"大炸羊"是内蒙古地区地道的传统风味菜肴,是由已故特一级烹饪大师吴明所创。烹制方法属于"酥炸",这种技法以突出食材外酥里嫩的质感为目的。菜肴定名方式为主料名称前辅以烹调方法,特点是色泽金黄、外酥里嫩、口味咸鲜,是人们较为喜欢的菜肴。

二、菜肴制作

❶ 大炸羊的加工流程

选料→热处理→改刀成形→挂糊→炸制装盘

❷ 大炸羊的加工制作

加工设备、工具		灶具、砧板、刀具、盛器等。
原料	主辅料	羊腿肉 350 g、鸡蛋 100 g、淀粉 75 g、面粉 100 g。
	调味料	花椒 5 g、小茴香 15 g、葱段 50 g、姜片 30 g、食用盐 10 g、椒盐面 20 g、酱油 5 g、色拉油 1 kg。
加工步骤		步骤 1:锅内加水,放入羊腿肉、小茴香、花椒、葱段、姜片、食用盐、酱油,加热烧开待用; 步骤 2:将羊腿肉改刀成厚的大片,两面剞花刀拍面粉待用; 步骤 3:将鸡蛋打入碗内,放淀粉、面粉、色拉油制成全蛋酥糊待用; 步骤 4:锅内放色拉油烧至 150 ℃时,将主料挂糊,随后下油锅炸至金黄色捞出,切配装盘,撒上椒盐面即可。
技术关键		(1) 挂糊时淀粉用量大,面粉用量小,一般比例为 8∶2; (2) 糊不能稀,应为湿糊状; (3) 掌握好色拉油的温度,大约为 150 ℃,否则影响菜肴质量。
类似菜肴		酥炸牛肉、酥炸羊排。

大炸羊

一、菜肴介绍

　　"蜜汁天鹅蛋"是内蒙古地区的一道风味名菜,以土豆为主要食材,配以面粉、蛋黄烹制而成。这道菜是由已故特一级烹饪大师吴明在董必武当厨师时所创,曾参加技术表演,深受人们喜爱。烹调方法属于"蜜汁",菜肴定名方式为烹调方法与形状特点结合,特点是色泽金黄、香甜软糯、形似鹅蛋,是一道档次较高的甜菜。

二、菜肴制作

① 蜜汁天鹅蛋的加工流程

选料→加工→成形→蜜汁→装盘

② 蜜汁天鹅蛋的加工制作

加工设备、工具		灶具、砧板、刀具、盛器等。
原料	主辅料	土豆 1 kg、鸡蛋 50 g、熟鹅蛋黄 300 g、面粉 50 g、土豆淀粉 50 g、朱古力 30 g。
	调味料	糖 200 g、蜂蜜 10 g、色拉油 1 kg。
加工步骤		步骤 1:将土豆焖制成熟,去皮制成泥,加入鸡蛋、土豆淀粉、面粉、糖拌匀,用熟鹅蛋黄给土豆泥上色,制成直径 5 cm 的椭圆形胚;

加工步骤	步骤2:锅内放色拉油烧至160 ℃时,将"天鹅蛋"逐一放入,炸至金黄色捞出装盘待用; 步骤3:锅内加水、蜂蜜小火熬制成蜜汁,浇在装盘的"天鹅蛋"上,撒上朱古力即可。
技术关键	(1) 要选择没有损坏、没有发芽、无绿皮的土豆; (2) 掌握油温和色泽,保证菜肴的质量要求; (3) 注意形的特征,尽量做到逼真。
类似菜肴	蜜汁红薯、蜜汁小豆瓜。

蜜汁天鹅蛋

视频:
清汤牛尾

一、菜肴介绍

"清汤牛尾"是内蒙古地区传统风味名菜,以内蒙古草原鲜牛尾为主要食材,配以鸡腿、鱼肚、海参炖制而成。此汤菜是由已故特一级烹饪大师吴明所创。烹调方法是采用小火长时间加热,以保证汤汁清澈,肉质酥烂。菜肴定名方式为主料名称前辅以味型的特征,特点是汤清味醇、口味咸鲜、肉质软烂、营养丰富。

二、菜肴制作

1 清汤牛尾的加工流程

选料→加工→焯水→炖制→装盘

2 清汤牛尾的加工制作

加工设备、工具		灶具、砧板、刀具、盛器等。
原料	主辅料	鲜牛尾 500 g、鸡腿 100 g、水发鱼肚 50 g、水发海参 50 g、枸杞 120 g。
	调味料	花椒 10 g、八角 10 g、香叶 5 g、桂皮 5 g、葱段 10 g、姜片 10 g、蒜片 10 g、料酒 15 g、食用盐 15 g。
加工步骤		步骤 1：将鲜牛尾按关节切开焯水，鸡腿切块、水发鱼肚改刀成片、水发海参改刀成柳叶片待用； 步骤 2：将牛尾放入锅中加水，烧开，小火炖至半熟，放鸡腿块，小火炖至八成熟时放鱼肚、海参及调味料，炖至牛尾熟烂时捞出调味料，将主辅料放入汤盆中，将汤加开水过滤后倒入汤盆内，撒上枸杞即可。
技术关键		（1）为保证汤汁清澈，不能用有色调味料，香料要洗净方可下锅； （2）严格把握火候，烧开后要小火长时间加热，保证主辅料熟烂脱骨； （3）注意汤料的比例，炖菜为半汤菜，既吃菜又喝汤。
类似菜肴		清炖羊肉、清炖甲鱼、清炖鸡块。

清汤牛尾

视频：
软炸驼峰

一、菜肴介绍

　　"软炸驼峰"是内蒙古地区的一道传统风味菜肴。驼峰历来被视为珍品，味甘、性温、无毒，有祛风、活血、清肺的作用。营养丰富，味道鲜美，适用于高级宴会。软炸驼峰的烹调方法属于"炸"。菜肴定名方式为主料名称前辅以烹调手法，特点是口味咸鲜、外软里嫩、色泽黄白。

二、菜肴制作

1 **软炸驼峰的加工流程**

选料→加工成形→制糊→挂糊、炸制→装盘

2 **软炸驼峰的加工制作**

加工设备、工具		灶具、砧板、刀具、盛器等。
原料	主辅料	驼峰 200 g、蛋清 60 g、淀粉 50 g、面粉 60 g。
	调味料	食用盐 5 g、味精 3 g、料酒 10 g、椒盐面 20 g、葱姜水 80 g、色拉油 500 g。
加工步骤		步骤 1：将驼峰改刀成直径为 0.5 cm、长为 7 cm 的条状，用食用盐、味精、料酒、葱姜水腌制待用； 步骤 2：将蛋清略搅拌，加入淀粉、食用盐、水，搅拌均匀制成软糊待用； 步骤 3：锅内放色拉油烧至 130 ℃左右，将驼峰挂糊下锅炸至全熟，装盘，上桌时撒椒盐面。
技术关键		（1）选料要选肉质发红、半透明的雄峰，品质优于肉质发白的雌峰； （2）油、盐的用量不宜过多，否则影响菜肴的质量； （3）要掌握糊的浓稠度，不宜过稠或过稀。
类似菜肴		软炸口蘑、软炸鱼条。

软炸驼峰

一、菜肴介绍

手把肉是蒙古族及其他北方少数游牧民族千百年来的一道传统菜肴。手把肉即用手抓肉之意,是草原牧民喜欢的美食,也是他们招待客人的一道必不可少的菜肴。烹调方法属于"煮",菜肴定名方式为主料名称前辅以食用方式,特点是醇香味美、质地脆嫩、咸鲜适口。一手拿刀,一手把肉,边割边食或直接啃食。美酒美食,载歌载舞,豪情奔放。

二、菜肴制作

❶ 手把肉的加工流程

解开羊肉→冷水下锅→撇去浮沫→煮制→装盘

❷ 手把肉的加工制作

加工设备、工具		灶具、砧板、刀具、盛器等。
原料	主料	带骨羊肉 2 kg。
	调味料	食用盐 20 g、葱段 50 g、姜片 50 g、葱花 20 g。
加工步骤		步骤1:将带骨羊肉从关节处解开,下入冷水锅中,大火烧开后撇去浮沫; 步骤2:锅中放入食用盐、葱段、姜片,中小火煮 30~40 min; 步骤3:将煮好的羊肉直接装入盘内或取肉切片装入盘内,上桌时带上原汤撒上葱花,另外可将蒜蓉辣酱和韭菜花上桌,食客自己蘸食。
技术关键		(1) 选料要选牧区羊,重量在 15~20 kg; (2) 掌握好火候,即大火烧开,中小火煮制; (3) 煮制时间一般为 30~40 min。
类似菜肴		煮血肠、煮肉肠。

手把肉

一、菜肴介绍

涮羊肉是内蒙古地区的一道传统菜肴,历史悠久,深受人们的喜爱。火锅围坐合食、自蘸而食,气氛热烈,一般用于家庭、亲戚、朋友的聚会,秋冬季节较为常见,烹调方法属于"涮"。这种技法是将易熟的食材切成薄片,放入沸水锅中,经过短时间加热,捞出蘸调味料食用的一种方法。菜肴定名方式为主料名称前辅以烹调方法,特点是色泽自然、口味鲜美、汤鲜肉嫩、醇香可口。

二、菜肴制作

❶ 涮羊肉的加工流程

选料→切配→涮肉→蘸料食用

❷ 涮羊肉的加工制作

加工设备、工具		灶具、砧板、刀具、盛器等。
原料	主辅料	羊肉 1 kg、豆腐 200 g、白菜 300 g、粉丝 200 g、时令蔬菜 200 g、海带 200 g。
	调味料	芝麻酱 150 g、韭菜花 180 g、红腐乳 80 g、食用盐 5 g、味精 5 g、辣椒油 50 g、胡麻油 50 g、葱花 50 g、香菜末 50 g、米醋 50 g、姜片 20 g、糖蒜 200 g。
加工步骤		步骤 1:将羊肉切成 0.1~0.2 cm 的薄片,豆腐、白菜切成片状装入盘内待用; 步骤 2:将芝麻酱加开水解开待用; 步骤 3:锅内加水,放入食用盐、姜片、葱花,烧开待用; 步骤 4:将各种主辅料放在火锅周围,就食者将主辅料在锅中烫熟蘸料食用即可。
技术关键		(1) 羊肉片越薄越好,开水中涮至断生即可; (2) 就食者可根据自己爱好搭配调味料,芝麻酱要用开水解开; (3) 涮羊肉所配主食一般为芝麻小烧饼、咸面片。
类似菜肴		菊花火锅、毛肚火锅、鸳鸯火锅。

涮羊肉

视频：
水炒沙葱鸡蛋

一、菜肴介绍

"水炒沙葱鸡蛋"是一道内蒙古地区风味菜肴,选用草原上自然生长的鲜沙葱,加鸡蛋同炒,以突出沙葱的特殊味道。烹调方法属于"水炒",是一种比较特殊的烹制方法,菜肴定名方式为主辅料及烹调方法同时体现在菜肴名称里,特点是口味咸鲜、质地软嫩、色彩鲜艳、营养丰富、风味别致、技法特殊,深受人们的喜爱。

二、菜肴制作

① 水炒沙葱鸡蛋的加工流程

选料→搭配→调味→炒制→装盘

② 水炒沙葱鸡蛋的加工制作

加工设备、工具		灶具、砧板、刀具、盛器等。
原料	主辅料	鸡蛋 300 g、鲜沙葱 100 g。
	调味料	食用盐 6 g、味精 5 g、料酒 5 g、香油 2 g、姜汁 5 g。
加工步骤		步骤 1:将鸡蛋打入碗内搅散,沙葱洗净切成 1 cm 长的段放入蛋液中,放入食用盐、味精、料酒、姜汁拌匀待用; 步骤 2:锅内放水烧开,倒入蛋液,小火加热待蛋液凝固结块时,倒出装入盘内淋上香油即可。

技术关键	（1）注意火候，小火慢炒，防止粘锅； （2）结块即可出锅，时间不宜过长，否则质地变老。
类似菜肴	水炒苜蓿瓜片、水炒苜蓿虾仁。

水炒沙葱鸡蛋

视频：
松炸驼峰

一、菜肴介绍

"松炸驼峰"是内蒙古地区的一道风味名菜。驼峰历来被视为珍品，富含蛋白质和钙、磷、铁等元素，前峰优于后峰，是高档宴席的优质食材。烹调方法属于"松炸"，菜肴定名方式为主料名称前辅以烹调方法，特点是口味咸鲜、色泽白黄、外酥里嫩。

二、菜肴制作

① 松炸驼峰的加工流程

选料→改刀→腌制→制糊→挂糊炸制→装盘

② 松炸驼峰的加工制作

加工设备、工具		灶具、砧板、刀具、盛器等。
原料	主辅料	驼峰 200 g、蛋清 100 g、淀粉 40 g、面粉 60 g。
	调味料	食用盐 2 g、味精 2 g、料酒 10 g、葱姜水 15 g、椒盐面 25 g、番茄沙司 50 g、色拉油 500 g。

续表

加工步骤	步骤1：将驼峰改刀成直径为0.5 cm、长为7 cm的条状，用食用盐、味精、料酒、葱姜水腌制，拍面粉待用； 步骤2：将蛋清抽打成泡沫状，加入淀粉和面粉搅拌均匀制成蛋泡糊待用； 步骤3：锅内放色拉油烧至100 ℃，将驼峰挂上蛋泡糊逐一下锅炸制，然后升温至120 ℃炸至白黄色时捞出装盘，配以椒盐面、番茄沙司一同上桌即可。
技术关键	（1）驼峰选用雄峰为佳； （2）蛋泡糊抽打至七成为好，注意淀粉和面粉的用量比例一般为8∶2。
类似菜肴	松炸鸡条、松炸里脊。

松炸驼峰

一、菜肴介绍

　　"糖醋鲤鱼"是内蒙古地区的一道传统风味菜肴，主要是选用黄河内蒙古段捕捞的鲤鱼，用"焦醋"的烹调方法制成的一道菜肴。此菜技法难度较大，技术要求较高。菜肴定名方式为主料名称前辅以特殊的味型，特点是口味酸甜、外焦里嫩、形态美观，深受人们的喜爱。

二、菜肴制作

❶ 糖醋鲤鱼的加工流程

选料→加工→剖花刀→挂糊→炸制→装盘

2 糖醋鲤鱼的加工制作

加工设备、工具		灶具、砧板、刀具、盛器等。
原料	主辅料	黄河鲤鱼 1 尾(约 1 kg)、青豆 50 g、干淀粉 100 g、湿淀粉 200 g。
	调味料	葱姜蒜末各 20 g、食用盐 5 g、酱油 5 g、糖 100 g、米醋 75 g、番茄酱 50 g、清汤 200 g、色拉油 1 kg。
加工步骤		步骤 1:将黄河鲤鱼初加工后洗净,两面剞牡丹花刀后待用; 步骤 2:锅内放色拉油烧至 160 ℃时,鱼拍上干淀粉后挂上湿淀粉糊下油锅炸至定形,然后复炸 1~2 次,达到外焦里嫩时捞出装盘待用; 步骤 3:锅内留底油炝锅,加清汤和其他调味料,烧开,勾芡,淋入热油起泡时,将汁昌出浇在鱼身上即可。
技术关键		(1)选料要新鲜,突出原料的鲜嫩度; (2)剞牡丹花刀要均匀,剞至鱼骨为准; (3)掌握油温,保持 160~180 ℃; (4)挂糊要均匀、快速,利于成形; (5)甜酸口味要适中。
类似菜肴		糖醋鳜鱼、糖醋里脊。

糖醋鲤鱼

视频:
纸包羊腰花

Note

一、菜肴介绍

"纸包羊腰花"是内蒙古地区的一道传统风味菜肴。羊腰肉质细嫩,是烹制菜肴的优质食材，富含蛋白质，具有补胃、壮阳固精之作用。烹调方法属于"炸"，菜肴定名方式为主料名称前辅以烹调方法，具有形态美观、质地细嫩、咸香可口的特点，深受人们的喜爱。

二、菜肴制作

❶ 纸包羊腰花的加工流程

选料→剞花刀→腌制→泡制→炸制→装盘

❷ 纸包羊腰花的加工制作

加工设备、工具		灶具、砧板、刀具、盛器等。
原料	主辅料	羊腰子 10 个（约 500 g）、糯米纸 12 张。
	调味料	食用盐 5 g、味精 5 g、料酒 2 g、葱姜水 15 g、孜然面 20 g、花椒面 10 g、辣椒面 10 g、香油 5 g、色拉油 750 g。
加工步骤		步骤 1：将羊腰子洗净后去掉外膜，切成两片，去掉腰臊，剞麦穗花刀，改刀成小块放入器皿中待用； 步骤 2：改好刀的羊腰放入食用盐、味精、料酒、葱姜水、孜然面、花椒面、辣椒面、香油等调味料腌制 30 min 待用； 步骤 3：腌制好的羊腰用糯米纸依次包成 12 个纸包，待油温升至 120 ℃时，逐个下入油锅中小火炸至全熟，捞出控油、装盘即可。
技术关键		（1）注意剞麦穗花刀要深而不断，深度、宽度一致； （2）掌握好油温，保证菜肴的质量； （3）纸包的形状要大小均匀，美观大方。
类似菜肴		纸包羊里脊、纸包鸡。

纸包羊腰花

阿拉善王府烤全羊

一、菜肴介绍

阿拉善王府烤全羊是内蒙古地区著名的传统佳肴。清朝康熙年间,北京"罗王府"(即阿拉善王府)的烤全羊名气尤盛,从清末民初到中华人民共和国成立初期,各地都有烤全羊,但唯有阿拉善王府的烤全羊最有名。直到现在,阿拉善地区仍经营制作此菜,作为招待贵宾的一道传统风味名菜,也是体积最大的一道民族风味佳肴,它已有近300年的历史,制作工艺十分讲究。现在阿拉善地区以李鑫为代表的一批厨师,创新此菜的做法,曾在内蒙古烹饪大赛中取得优异的成绩。其烹制方法为"烤",菜肴定名方式为主料名称前辅以地名。此菜具有外酥脆、肉质鲜嫩、口味咸鲜、醇香可口、金红透亮的特点。

二、菜肴制作

1 阿拉善王府烤全羊加工流程

选料→加工→腌制→烧制→仪式→装盘上菜

2 阿拉善王府烤全羊的加工制作

加工设备、工具		灶具、砧板、刀具、盛器等。
原料	主辅料	带皮羊20 kg、荷叶饼500 g、黄瓜丝300 g、葱丝300 g、芹菜500 g、胡萝卜500 g、洋葱500 g、香菜205 g、饴糖150 g。
	调味料	食用盐200 g、甜面酱300 g、椒盐面100 g、醋200 g、干姜面100 g、料酒200 g、花椒面100 g。
加工步骤		步骤1:将带皮羊腹腔内部和前后腿内侧剞十字花刀,不要划破羊皮待用; 步骤2:将料酒、醋、干姜面、花椒面、食用盐拌匀,分3次涂抹于羊的腹腔内部和前后腿内侧(大约1 h); 步骤3:将芹菜、胡萝卜、洋葱、香菜、食用盐搅匀,放入腹腔内部,将刀口缝合,腌制4 h待用; 步骤4:将带皮羊清洗干净,用开水烫皮后,晾干,将饴糖稀释液均匀地涂抹在羊皮表面,风干后将羊固定在铁架上待用;

Note

100

续表

加工步骤	步骤5:将烤炉或烤箱预热至220 ℃,将带皮羊放入烤30 min后,将温度调至180 ℃再烤制150 min; 步骤6:将带皮羊取出,再用饴糖涂抹颜色较浅的地方,放入200 ℃的炉内烤制30 min出炉; 步骤7:将烤好的带皮羊放入绘有蒙古族吉祥图案的长方形木盘中,去掉铁架待用; 步骤8:相关仪式结束后,将羊皮取下,切块,肉切片,骨头按关节处拆解成自然块装入盘中,骨上放肉,肉上放皮。装好即可上桌,一并带上荷叶饼、甜面酱、葱丝、黄瓜丝、椒盐面上桌。
技术关键	(1) 选材至关重要,一定要阿拉善地区的绵羯羊,以确保菜肴的质量; (2) 腌制时间要充足,否则影响口味; (3) 严格把握烤制时间和温度。
类似菜肴	烤羊背、烤羊排。

阿拉善王府烤全羊

视频:
豉汁蒸牛脊髓

一、菜肴介绍

豉汁蒸牛脊髓是内蒙古地区的一道特殊风味菜肴,选用草原黄牛的脊髓加上调味品豉汁"蒸"制而成。这种做法保持原汁原味,突出豆豉的香味。菜肴定名方式为主料名称前辅以特殊调味料和烹调方法,具有咸鲜醇香、质地软嫩、豉香味浓郁的特点,适合较高档宴席,很受人们的喜爱。此菜富含人体所需的多种氨基酸、维生素和矿物质元素,既有食用价值,又有药用价值。

二、菜肴制作

1 豉汁蒸牛脊髓的加工流程

选料→加工处理→调味→蒸制→淋油

2 豉汁蒸牛脊髓的加工制作

加工设备、工具		灶具、砧板、刀具、盛器等。
原料	主辅料	牛脊髓 500 g、红绿辣椒末 20 g、香菜末 15 g、水发粉丝 100 g。
	调味料	食用盐 2 g、料酒 5 g、豆豉 30 g、香油 5 g、色拉油 50 g、葱丝 20 g、葱末 10 g、姜末 20 g、蒜末 10 g、美极鲜 10 g。
加工步骤		步骤 1：将牛脊髓冲洗干净，焯水后放入盆内，加入食用盐、料酒、豆豉、香油、色拉油、葱末、姜末、蒜末、香菜末、红绿辣椒末拌匀待用； 步骤 2：将水发粉丝装盘内垫底，再将腌制好的牛脊髓放在上面，上笼大火蒸制 10 min，取出，撒上葱丝，淋美极鲜，浇上热油即可。
技术关键		（1）掌握好蒸制的时间和火候，短时间大火制熟即可； （2）选料要新鲜，保证新鲜的品质； （3）注意调味料和主辅料的比例。
类似菜肴		红烧牛脊髓、芙蓉牛脊髓。

豉汁蒸牛脊髓

一、菜肴介绍

风干羊背子是内蒙古草原的一道传统风味名菜，现内蒙古西南部鄂尔多斯市内较为多见。羊背子是蒙古族人民喜欢而名贵的佳肴,只有在祭祀、老人过寿、欢迎亲朋或贵宾等的宴席上才能见到。羊背子蒙古语"术斯",是将羊宰杀剥皮后解成七大件,即头、脖子、腰椎、胸椎、四肢、羊叉、胸荐。其烹调方法属于"煮",菜肴定名方式为主料名称前辅以烹调方法,具有口感独特、风味别致、耐咀嚼、肉质醇香的特点。

二、菜肴制作

①　风干羊背子的加工流程

> 选料→浸泡→洗净→煮制→装盘

②　风干羊背子的加工制作

加工设备、工具		灶具、砧板、刀具、盛器等。
原料	主辅料	自然风干的羊背子 8 kg。
	调味料	食用盐 75 g、葱 500 g、姜 200 g、花椒 50 g、料酒 100 g。
加工步骤		步骤 1:将风干的羊背子放入清水中浸泡 10 小时,洗净备用; 步骤 2:将泡好的羊背子放入冷水锅中,烧开后撇去浮沫,放入调味料,中小火煮至全熟装盘; 步骤 3:上桌前一般需要请客人剪彩,再上桌。
技术关键		(1)要选自然风干的羊背子,风干的羊背子风味口感极佳; (2)煮制的时间较长,注意不宜用大火; (3)注意装盘时的形状。
类似菜肴		风干牛肉。

风干羊背子

 **枸杞菊花牛鞭**

一、菜肴介绍

枸杞菊花牛鞭是内蒙古地区的一道传统风味名菜,是以内蒙古草原的鲜牛鞭配以内蒙古的特产枸杞烧制而成的菜肴,既有食用价值,又有药用价值,具有滋肾润肺、强筋健骨的功效。该菜烹调方法属于"烧",菜肴定名方式为主料名称前辅以特殊的配料和形的特征,特点是口味咸鲜、滑嫩软糯、形态美观。

二、菜肴制作

1 **枸杞菊花牛鞭的加工流程**

选料→加工成形→焯水→烧制→装盘

2 **枸杞菊花牛鞭的加工制作**

加工设备、工具		灶具、砧板、刀具、盛器等。
原料	主辅料	水发牛鞭 500 g、枸杞 30 g、淀粉 10 g、高汤 200 g。
	调味料	葱姜油 30 g、食用盐 5 g、味精 3 g、料酒 15 g、香油 3 g、鸡汁 10 g。
加工步骤		步骤 1:将水发牛鞭处理干净,切成长 12 cm 的段,剞菊花刀焯水待用; 步骤 2:锅内放葱姜油,下入大部分泡好的枸杞,上火烹入料酒加高汤烧开,加入食用盐、味精、鸡汁,倒入水发牛鞭,小火烧至入味; 步骤 3:待汤汁剩 1/4 时勾芡,淋香油装盘,撒上剩余的枸杞即可。
技术关键		(1) 刀工处理要符合菜肴的要求,注意间距和厚度; (2) 烧制时要选用小火加热,达到软烂入味的程度; (3) 芡汁要透亮,把握好勾芡的时间。
类似菜肴		红烧鞭花、兰花牛鞭。

枸杞菊花牛鞭

 **红扒牛蹄筋**

一、菜肴介绍

红扒牛蹄筋是内蒙古地区的一道传统风味名菜,既有食用价值又有药用价值,有益气补血、养精补髓、养颜美容、缓解水肿和腹胀等功效。此菜选用草原黄牛的蹄筋,通过"红卤"或"扒"制作而成。菜肴定名方式为主料名称前辅以烹调方法,具有色泽红润、质感软烂、醇香可口、口味咸鲜的特点,深受人们的喜爱。

二、菜肴制作

1 红扒牛蹄筋的加工流程

选料→加工→卤制→蒸制→装盘淋汁

2 红扒牛蹄筋的加工制作

加工设备、工具		灶具、砧板、刀具、盛器等。
原料	主辅料	牛蹄筋 1 只 1 kg、油菜心 500 g、淀粉 20 g、红曲米 20 g。
	调味料	葱段 50 g、姜片 30 g、蒜片 40 g、花椒 10 g、大料 20 g、桂皮 10 g、香叶 5 g、料酒 20 g、食用盐 10 g、酱油 30 g、糖 5 g、鲜汤 4 kg。
加工步骤		步骤 1:将各种调味料放入鲜汤中,并加红曲米,小火煮 20 min,调好口味待用; 步骤 2:将牛蹄筋洗净修整好,焯水后放入调味汁中,大火烧开,小火卤至九成熟; 步骤 3:将菜心氽熟入味,摆在主料四周; 步骤 4:将卤牛蹄筋的浓汤上火烧开,调好色泽,确定好口味后勾芡,浇淋于牛蹄筋上即可。
技术关键		(1) 卤制时需长时间小火加热,以保证充分入味; (2) 掌握好色泽,保持红润美观。
类似菜肴		一掌定乾坤。

红扒牛蹄髈

一、菜肴介绍

金穗羊宝是内蒙古地区的一道创新风味菜肴,此菜是兴安盟阿尔山市政府宾馆的陈元锁大师所创。选用新鲜羊宝和新鲜活鲤鱼烹制而成,烹调方法属于"扒"和"熘"。菜肴定名方式为主料名称前辅以形的特征,具有口味多样、外焦里嫩、质地软烂、色彩分明、风味别致的特点。

二、菜肴制作

1 金穗羊宝的加工流程

> 选料→加工成形→制熟→装盘→浇汁

2 金穗羊宝的加工制作

加工设备、工具		灶具、砧板、刀具、盛器等。
原料	主辅料	羊宝 400 g、新鲜活鲤鱼 5 条(2.5 kg)、菜心 10 颗 300 g、香菇 20 g。
	调味料	葱段 30 g、姜片 20 g、蒜片 20 g、花椒 10 g、小茴香 10 g、料酒 20 g、番茄酱 30 g、糖 30 g、白醋 20 g、食用盐 10 g、高汤 250 g、鸡汁 5 g、淀粉 200 g、色拉油 750 g(实耗 100 g)等。

续表

加工步骤	步骤1：将羊宝洗净，放入水中加葱段、姜片、蒜片、花椒、小茴香、食用盐、料酒，上火烧开，煮至全熟待用； 步骤2：将煮熟的羊宝改刀成片，装入碗内，香菇置于碗底，加高汤、食用盐、鸡汁蒸制20 min后澄出汤汁，扣入盘内待用，加工好的菜心按入碗底，分别摆在羊宝的四周； 步骤3：将鲤鱼加工洗净，去头尾，片成两片去骨，修整后剞十字花刀，拍粉，下锅炸制成玉米形； 步骤4：锅内加高汤烧开放食用盐、鸡汁，勾芡淋明油，浇淋于羊宝上； 步骤5：锅内放底油，加番茄酱略炒，加水，放糖、白醋、食用盐烧开，勾芡浇淋在玉米鱼上即可。
技术关键	（1）选料要鲜活，以保证菜肴的质量； （2）加工复杂，一定要按照制作工序进行； （3）注意选形和整体的搭配。
类似菜肴	金穗牛宝、丰收鞭花。

金穗羊宝

视频：
烤猪方

一、菜肴介绍

　　烤猪方是内蒙古地区著名的一道烤制菜肴，是内蒙古已故特一级烹饪大师吴明所创，在全区享有烤制菜肴之魁的声誉。此菜选料十分严格，要选带皮带骨的猪排，且肥瘦适宜，经烤制而成，能够提供人体所需的蛋白质、维生素和矿物质等，有利于修复组织、增强免疫力等。菜肴定名方式为主料名称前辅以烹调方法，具有外酥里嫩、口味咸

107

鲜、肥而不腻、醇香可口、色泽金黄的特点,深受消费者的青睐,一般适合高档宴席。

二、菜肴制作

❶ 烤猪方的加工流程

选料→修整→腌制→挂糊→烤制→装盘

❷ 烤猪方的加工制作

加工设备、工具		灶具、砧板、刀具、盛器等。
原料	主辅料	带皮带骨的猪排 1.3 kg、鸡蛋 1.55 kg、淀粉 100 g、面粉 50 g、荷叶饼 20 张、黄瓜条 100 g。
	调味料	色拉油 50 g、甜面酱 75 g、椒盐面 30 g、醋 303 g、料酒 50 g、干姜面 20 g、大料面 20 g、葱丝 80 g。
加工步骤		步骤 1:将整理好的猪排放入水锅中,煮制 15~20 min,捞出擦干水,撕去猪皮,上下两面用竹签插孔,将肋骨中间断开,保持平整的形态; 步骤 2:将大料面、椒盐面、干姜面、料酒、醋混合均匀后涂抹在猪排上,晾干水分; 步骤 3:将鸡蛋打入容器内,加淀粉、面粉、色拉油制成糊状,在猪排肥膘的一面挂糊,晾干后放入烤箱; 步骤 4:将烤箱温度调至 200 ℃,烤制 5 min,糊状定形后,降温至 160 ℃,烤制约 60 min 至猪排成熟,再次升温至 220 ℃,烤制 3~5 min 取出,摆入盘中; 步骤 5:带小刀、甜面酱、葱丝、黄瓜条、荷叶饼一起上桌。
技术关键		(1)腌制时间和糊的稠稀度都要符合菜肴的要求; (2)掌握烤制时间和温度。
类似菜肴		烤羊方、烤驼排。

烤猪方

 兰花牛宝

一、菜肴介绍

兰花牛宝是内蒙古地区的一道传统风味佳肴。牛宝即牛睾丸,具有较高的营养价值,含有蛋白质、糖类、维生素和矿物质元素等,具有益气补肾、强身健体的功效。此菜的制作较为复杂,采用"扒"的烹调方法制作而成,菜肴定名方式为主料名称前辅以形的特征,具有口味咸鲜、质感软嫩、造型美观、风味别致的特点,适合中高档宴席。

二、菜肴制作

① 兰花牛宝的加工流程

选料→加工成形→扒制→浇汁

② 兰花牛宝的加工制作

加工设备、工具		灶具、砧板、刀具、盛器等。
原料	主辅料	牛宝 500 g、鸡胸肉 200 g、青椒 50 g、花椒 30 g、香菇 10 g(1 个)、蛋清 30 g、湿淀粉 8 g。
	调味料	葱段 10 g、姜片 10 g、蒜 10 g、食用盐 10 g、味精 6 g、料酒 30 g、大料 10 g、花椒 8 g、香叶 5 g、桂皮 5 g、牛肉汤 100 g、鸡汁 10 g、酱油 8 g、葱姜汁 10 g。
加工步骤		步骤 1:将锅内放水 1 kg,加入葱段 10 g、姜片 10 g、蒜 10 g、食用盐 6 g、味精 2 g、料酒 10 g、酱油 8 g 和大料、花椒、香叶、桂皮,烧开煮 5 min,放入洗净的牛宝,煮至全熟,捞出待用; 步骤 2:将煮熟的牛宝改刀成片,装入碗内(碗底垫香菇),加上牛肉汤、鸡汁 8 g、食用盐 2 g、味精 2 g、料酒 10 g 等兑好的调味汁,上笼蒸 30 min 取出,滗出汤汁,扣入盘内; 步骤 3:将鸡胸肉加工制作成泥茸状,加蛋清、料酒、食用盐、味精搅拌均匀,分装在 10 个小勺内,用青椒点缀成兰花形,上笼蒸 3 min,取出,摆在牛宝的四周; 步骤 4:锅中加水烧开,放食用盐、味精、鸡汁,勾芡后浇淋于牛宝和兰花上即可。
技术关键		(1) 严格按照操作步骤进行加工制作; (2) 注意各料的比例; (3) 掌握好造型和蒸制的时间。
类似菜肴		莲花驼掌、荷花羊宝。

兰花牛宝

视频：
两吃奶豆腐

两吃奶豆腐

一、菜肴介绍

两吃奶豆腐是我国内蒙古草原的一道传统风味菜肴,选用蒙古族的传统食品奶豆腐,采用"挂霜"和"蜜汁"的烹调方法制作而成。奶豆腐是白食的一种,按照蒙古族的习惯,白色表示纯洁、吉祥、崇高,是蒙古族待客的最高规格,营养价值极高,含较多人体必需的氨基酸,是一种优质蛋白质,富含铁、锌、钙、磷等元素,具有提高免疫力、美容养颜的功效。此菜具有口味甜香、外松里软、质感软韧、造型美观、营养丰富的特点,是中高档宴席的优选菜肴。

二、菜肴制作

① 两吃奶豆腐的加工流程

选料→加工→制糊→炸制→挂霜→蜜汁→装盘

② 两吃奶豆腐的加工制作

加工设备、工具		灶具、砧板、刀具、盛器等。
原料	主辅料	奶豆腐 600 g、山楂糕 100 g、蛋清 200 g、淀粉 80 g、面粉 20 g、红绿车厘子各 3 颗、朱古力 10 g。
	调味料	糖 150 g、蜂蜜 30 g、色拉油 1 kg(实耗 100 g)。

110

续表

加工步骤	步骤1:将奶豆腐300 g改刀成边长为2 cm的正方块拍面粉备用,另将300 g奶豆腐切成边长为3.5 cm、厚为0.5 cm的菱形片24片待用; 步骤2:将山楂糕切成与菱形片奶豆腐相等大小的12片待用; 步骤3:在两片奶豆腐片中间夹1片山楂糕成3层,共12份上笼蒸5 min取出; 步骤4:将蛋清抽打成泡沫状,加淀粉、面粉制成蛋泡糊待用; 步骤5:锅内放色拉油烧至90 ℃时,奶豆腐挂蛋泡糊炸好,摆入盘子的中间,撒上糖和朱古力; 步骤6:将剩余的糖放入水中,上火加蜂蜜小火熬制成蜜汁,浇淋于制好的奶豆腐上,剩余的摆在盘子的周围即可。
技术关键	(1) 刀工成形要符合标准,便于造型; (2) 蛋泡糊的制作要注意不能塌陷; (3) 要注意掌握好炸制、熬蜜汁的火候; (4) 掌握好菜肴的整体造型。
类似菜肴	两吃奶皮子、拔丝奶豆腐、挂霜奶豆腐。

两吃奶豆腐

一、菜肴介绍

"茄汁佛手牛肉"是内蒙古地区的一道创新风味菜肴。烹调方法属于"焦熘",选用牛前腿肉制成馅心,用蛋皮包好成形,炸至全熟,浇上茄汁而成。菜肴定名方式为主料名称前辅以味型和形态的特征,具有甜酸咸鲜、肉质鲜嫩、色泽红亮、形似佛手的特点。

二、菜肴制作

① 茄汁佛手牛肉的加工流程

选料→加工→成形→炸制→装盘→浇汁

② 茄汁佛手牛肉的加工制作

加工设备、工具		灶具、砧板、刀具、盛器等。
原料	主辅料	牛肉 500 g、鸡蛋 200 g、淀粉 20 g。
	调味料	食用盐 6 g、味精 5 g、酱油 10 g、葱米 50 g、姜末 30 g、花椒面 10 g、大料面 8 g、料酒 10 g、糖 50 g、番茄酱 50 g、牛骨汤 50 g、大红浙醋 40 g、色拉油 750 g。
加工步骤		步骤 1：将牛肉制成馅，加入食用盐、味精、酱油、葱米、姜末、花椒面、大料面、料酒、牛骨汤搅拌均匀备用； 步骤 2：将鸡蛋打入碗内，放淀粉 10 g 搅匀，吊蛋皮 12 张待用，蛋皮裹上牛肉馅改刀成佛手形，依次制作 12 个待用； 步骤 3：锅内倒入色拉油烧至 140 ℃时，将佛手牛肉下锅炸至全熟，捞出装盘成大佛手形； 步骤 4：锅内放底油，下番茄酱略炒，加水 150 g 烧开，放糖、食用盐、大红浙醋，尝好味，勾芡，淋入热油，浇淋于佛手上即可。
技术关键		(1) 馅心的调制，注意投料的比例； (2) 包制成形，注意大小薄厚均匀； (3) 掌握茄汁的口味，先甜后酸。
类似菜肴		炸佛手、茄汁肉签。

茄汁佛手牛肉

一、菜肴介绍

白灼百叶是我国内蒙古地区的一道风味菜肴,选用内蒙古黄牛的百叶制作而成。此菜制作手法精细,烹调手法属于"白灼",即一般选用脆嫩的小型食材来烹制。菜肴定名方式为主料名称前辅以形的特征,具有刀工精细、质地爽脆的特点。

二、菜肴制作

1 白灼百叶的加工流程

选料→刀工处理→兑调味料→白灼→装盘选形

2 白灼百叶的加工制作

加工设备、工具		灶具、砧板、刀具、盛器等。
原料	主辅料	水发百叶 200 g、水发毛肚 200 g、小菜心(18 个)150 g、胡萝卜 100 g。
	调味料	食用盐 3 g、味精 3 g、姜汁 10 g、醋 20 g、香油 2 g、牛肉粉 5 g 等。
加工步骤		步骤 1:将水发百叶、水发毛肚均匀地切成 0.1 cm 的细丝待用;
		步骤 2:小菜心在顶端剖双十字刀,插入胡萝卜点缀,焯水后烧至入味备用;
		步骤 3:用食用盐、味精、姜汁、醋、香油、牛肉粉烹制成调味汁待用;
		步骤 4:锅中放水烧开,分别将水发百叶、水发毛肚白灼成熟后捞出装入盘内,四周用菜心围边,上桌时带调味汁。
技术关键		(1)选料要选干净、脆嫩、新鲜的毛肚、百叶。
		(2)白灼的时间要短,断生即可。
		(3)造型要逼真,刀工要细致均匀。
类似菜肴		白灼菜心、白灼基围虾、白灼羊肚丝。

白灼百叶

113

 乌拉特烤全羊背

一、菜肴介绍

乌拉特烤全羊背是我国内蒙古乌拉特部落的一道传统风味菜肴,选用巴彦淖尔市乌拉特草原的羯山羊的背部烤制而成。此地的山羊肉,肉质鲜嫩、无腥膻气味,特别是烤制品很受当地人的欢迎。菜肴定名方式为主料名称前辅以地名和烹调方法,特点是外焦里嫩、色泽红亮、肉美醇香,是接待贵宾的必选菜肴。

二、菜肴制作

1 **乌拉特烤全羊背的加工流程**

选料→加工→煮制→烤制→装盘

2 **乌拉特烤全羊背的加工制作**

加工设备、工具		灶具、砧板、刀具、盛器等。
原料	主辅料	羊背 5 kg、生菜 500 g、荷叶饼 20 张、葱丝 200 g、黄瓜条 200 g。
	调味料	葱段 100 g、姜片 100 g、蒜片 100 g、孜然 20 g、小茴香 20 g、花椒 30 g、香叶 5 g、食用盐 20 g、酱油 30 g、料酒 100 g、甜面酱 10 g、椒盐面 20 g。
加工步骤		步骤 1:将全羊背修整好,剞人字形花刀下入冷水锅中烧开后撇去浮沫,下入调味料煮至八成熟捞出,放入烤盘入烤箱; 步骤 2:烤箱升温至 220 ℃,放入羊背烤制 5 min,再调至 180 ℃烤制 30 min 左右至熟,再调至 200 ℃,羊背上撒上烧烤汁继续烤制 5 min,待羊背呈金黄色时取出,放在铺有生菜的木盘中; 步骤 3:上桌时带椒盐面、荷叶饼、葱丝、黄瓜条、甜面酱即可。
技术关键		(1) 选料要选择乌拉特草原的羯山羊,保证菜肴质量; (2) 掌握好煮制和烤制的时间与火候。
类似菜肴		乌拉特烤羊腿、乌拉特烤羊排。

乌拉特烤全羊背

一、菜肴介绍

小米黎麦烧豆腐是一道具有特殊风味的家常菜,是采用内蒙古赤峰敖汉旗的小米、乌兰察布的黎麦、清水河豆腐烧制而成,风味特殊,经济实惠。此菜的烹调方法属于"烧",菜肴定名方式为主辅料名称及烹调方法,突出内蒙古的优质食材,特点是麻辣咸鲜、软嫩酥香、色泽红亮,很受人们的喜爱。

二、菜肴制作

1 小米黎麦烧豆腐的加工流程

选料→加工→焯水→烧制→装盘

2 小米黎麦烧豆腐的加工制作

加工设备、工具		灶具、砧板、刀具、盛器等。
原料	主辅料	清水河豆腐 200 g、猪肉末 50 g、小米 25 g、黎麦 25 g、青豆 10 g、湿淀粉 10 g。
	调味料	色拉油 30 g、红油 10 g、花椒油 5 g、食用盐 3 g、鸡粉 3 g、郫县豆瓣酱 25 g、秘制酱 25 g(植物油 100 g、辣椒面 60 g、瓜子仁 30 g)。
加工步骤		步骤 1:锅中放植物油 100 g,放入辣椒面、瓜子仁,小火熬制 10 min 制成秘制酱待用; 步骤 2:将清水河豆腐改刀成 1.8 cm 方形的块焯水,青豆也焯水待用; 步骤 3:小米、黎麦分别泡水 30 min 后煮熟待用;

115

续表

加工步骤	步骤4:锅内放色拉油烧热,放猪肉末炒至变色,放秘制酱、郫县豆瓣酱,小火煸香; 步骤5:锅上火加色拉油,放小米、黎麦、青豆,小火炒1 min,用食用盐、鸡粉调味,放入豆腐煮开即可。
技术关键	(1)严格按照操作程序进行加工; (2)掌握好烧制的时间和火候; (3)把握好口味的调制,咸鲜的基础上突出麻辣。
类似菜肴	麻婆豆腐、麻辣豆腐。

小米黎麦烧豆腐

视频:
炸羊尾

一、菜肴介绍

炸羊尾是内蒙古地区的一道传统风味名菜,是由已故特一级烹饪大师吴明所创。烹制方法属于"挂霜",选用草原上的肥羊的尾巴作为主要食材,烹制而成,技术含量较高,难度较大,菜肴定名方式为主料名称前辅以烹调方法(名为炸,实为挂霜),其特点是口味甜香、外酥里嫩、色泽白黄、形似羊尾。

二、菜肴制作

① 炸羊尾的加工流程

选料→加工→制糊→炸制→装盘

2 炸羊尾的加工制作

加工设备、工具		灶具、砧板、刀具、盛器等。
原料	主辅料	羊尾 200 g、蛋清 150 g、淀粉 100 g、面粉 20 g、什锦果脯 30 g、京糕 20 g、麻仁碎 10 g、青红丝 10 g。
	调味料	绵糖 100 g、色拉油 1 kg(实耗 150 g)。
加工步骤		步骤 1：将羊尾、京糕、什锦果脯分别切成碎粒，加入麻仁碎搅拌均匀，揉成 12 个圆球待用； 步骤 2：将蛋清放入盘内，抽打成泡糊，加入淀粉、面粉搅拌均匀成蛋泡糊备用； 步骤 3：锅内放色拉油加热至 100 ℃时，将羊尾球挂糊依次下油锅炸至黄色且形态饱满时捞出装盘，撒上绵白糖、青红丝即可。
技术关键		(1) 蛋泡糊的制作，要选用新鲜的蛋清，抽打至八成糊为佳，易于造型； (2) 注意羊尾的形状，挂糊后采用拖入法下锅； (3) 掌握好油温，低油温下锅，中油温制熟。
类似菜肴		高丽澄沙、顶霜奶皮子。

炸羊尾

视频：
珍珠羊肉丸子

一、菜肴介绍

珍珠羊肉丸子是我国内蒙古地区的一道传统风味菜肴，选用锡林郭勒大草原苏尼特羊肉为主要食材，具有高蛋白、低脂肪、无膻味的特点，富含人体所需多种营养物质，包括多种氨基酸和脂肪酸，肉质新嫩、色鲜红润，制熟后肉质浓郁、鲜嫩多汁、风味独特。

此菜的烹制方法属于"扒",保持原汁原味,菜肴定名方式为主料名称前辅以形的特征,具有口味咸鲜、质地软嫩、形似珍珠、鲜香味醇的特点。

二、菜肴制作

1 珍珠羊肉丸子的加工流程

选料→加工→成形→蒸制→装盘

2 珍珠羊肉丸子的加工制作

加工设备、工具		灶具、砧板、刀具、盛器等。
原料	主辅料	鲜羊肉 500 g、糯米 150 g、湿淀粉 30 g。
	调味料	葱末 2 g、姜末 10 g、花椒水 10 g、食用盐 5 g、味精 4 g、料酒 10 g、蛋清 50 g、香油 2 g。
加工步骤		步骤 1:将羊肉加工成馅,加入葱末、姜末、花椒水、食用盐、味精、料酒、蛋清、湿淀粉,搅拌均匀备用; 步骤 2:将糯米用凉水浸泡 30 min 捞出待用; 步骤 3:将搅拌好的羊肉馅挤成直径为 3 cm 的丸子,沾上泡好的糯米放入盛器内上笼蒸 6～8 min 至熟,取出待用; 步骤 4:锅中加水 100 g 烧开,放食用盐 2 g、味精 2 g,勾芡淋香油,浇淋于丸子上即可。
技术关键		(1) 选用新鲜的草原羊肉,保证菜肴的质量; (2) 蒸制的时间不能太长,否则肉质变老; (3) 形状、大小要均匀。
类似菜肴		珍珠牛肉丸子、珍珠鱼丸。

珍珠羊肉丸子

 滋补菊花羊宝

一、菜肴介绍

滋补菊花羊宝是一道创新蒙菜,即选用新鲜羊宝和当年的小米烹制而成。羊宝含有丰富的蛋白质、脂肪、氨基酸、维生素、矿物质元素,食用价值高。烹调方法属于"汆",即旺火短时间制熟的一种技法。菜肴定名方式为主料名称前辅以形的特征,特点是口感细腻、质地绵软、口味咸鲜、形似菊花、色泽美观、营养丰富。

二、菜肴制作

❶ 滋补菊花羊宝的加工流程

选料→加工→熬粥→汆热→装碗

❷ 滋补菊花羊宝的加工制作

加工设备、工具		灶具、砧板、刀具、盛器等。
原料	主辅料	新鲜羊宝(10 个)1 kg、新鲜小米 200 g、枸杞 200 g、小菜心(10 棵)200 g、金瓜 100 g、羊高汤 1.5 kg。
	调味料	食用盐 8 g、料酒 15 g、鸡汁 20 g、胡椒粉 5 g、葱段 50 g、姜片 40 g、花椒 20 g。
加工步骤		步骤 1:将羊宝洗净,改刀成菊花状,用清水冲洗干净,用食用盐、料酒腌制备用; 步骤 2:锅中加羊高汤 1 kg,放金瓜、新鲜小米,小火熬制成粥状,加食用盐、鸡汁调好味分别盛入 10 只炖盅内; 步骤 3:锅中放食用盐、羊高汤 500 g 烧开,放入葱段、姜片、花椒熬制 5 min,大火烧开,放入腌制好的羊宝汆制成熟,分别装入炖盅内,再用加工好的菜心和枸杞点缀即可。
技术关键		(1)注意花刀的间隔、深度要一致,才能达到成熟时间一致、入味和美化菜肴的作用; (2)熬粥要较长时间小火,注意粥的黏稠度; (3)汆制时火要旺,汤汁烧开,断生即可。
类似菜肴		烩羊宝、浓汤烩羊三宝。

滋补菊花羊宝

红烧牛肉

一、菜肴介绍

红烧牛肉是内蒙古当地的一道特色民间菜肴,口味咸鲜,主要材料是牛肉,可配武川县出产的土豆、胡萝卜等其他辅料一起烧制而成。此菜具有补中益气、滋养脾胃、强健筋骨的功效,深受人们的喜爱。

二、菜肴制作

1 红烧牛肉的加工流程

牛肉切块→热水汆烫→过油炸制→加料煸炒→小火慢煮→收汁出锅

2 红烧牛肉的加工制作

加工设备、工具		灶具、砧板、刀具、盛器等。
原料	主辅料	牛肉 600 g、胡萝卜 150 g。
	调味料	大葱 50 g、鲜姜 2 片、蒜 30 g、八角 6 粒、干辣椒 5 个、小茴香 40 g、草果 3 颗、香叶 5 片、料酒 100 g、清水 1 kg、食用盐 5 g、鸡精 5 g、酱油 20 g、糖 10 g、香油 5 g等。

续表

加工步骤	步骤1:牛肉洗净切成大小均匀的块状焯水,沥干水分,过油炸至六七成熟时捞出备用; 步骤2:锅中倒入色拉油烧热,放入大葱50 g、鲜姜2片、蒜30 g、八角6粒、干辣椒5个、小茴香40 g、草果3颗、香叶5片、料酒100 g炝锅,倒入牛肉煸炒出香味后添加适量的水,再加食用盐5 g、鸡精5 g、酱油20 g、糖10 g、香油5 g,调好味烧制; 步骤3:大火烧开后改小火烧至汤汁剩1/3时加入胡萝卜,将汤汁浓稠时,淋入香油出锅即可。
技术关键	(1) 选料要选牧区当年小牛肉; (2) 火候采用大火烧开,保持小火加热; (3) 烧制的时间以30~40 min为宜。
类似菜肴	红烧五花肉、红烧鱼、红烧羊肉等。

红烧牛肉

 葱烧牛蹄筋

视频:
葱烧牛蹄筋

一、菜肴介绍

葱烧牛蹄筋是一道北方家常菜,具有爽口润滑、芳香绵柔的口感。此菜含有丰富的胶原蛋白,能使皮肤更富有弹性和韧性,对腰膝酸软、身体瘦弱者有很好的食疗作用。此菜色泽艳丽,红、绿、酱红三色分明,味道鲜香,软嫩适口。

二、菜肴制作

1 **葱烧牛蹄筋的加工流程**

焯水→炸制→烧煮→调味→收汁→勾芡

2 **葱烧牛蹄筋的加工制作**

加工设备、工具		灶具、砧板、刀具、盛器等。
原料	主辅料	牛蹄筋 300 g，春笋 50 g，菜心 100 g。
	调味料	生姜片 10 g、葱白 40 g、花生油适量、食用盐 5 g、味精 2 g、糖 3 g、蚝油 5 g、老抽王 2 g、绍酒 2 g、湿生粉 10 g、麻油 1 g 等。
加工步骤		步骤 1：锅中倒入适量花生油烧热，放入葱白和生姜片用小火慢慢炸制，待葱白略带微黄时捞出葱白和生姜片备用，再把锅中炸好的葱油倒入油罐中备用； 步骤 2：锅中放入水烧开，加食用盐、糖、味精调味，然后加入适量葱油，将切好的菜心放入焯水捞出备用，再将切好的牛蹄筋和春笋段下锅氽烫 3～5 min 捞出备用； 步骤 3：锅中加少许葱油，把炸过的葱、姜再次放入锅中，放入蚝油、老抽王、绍酒，加入适量清水煮开，里面放入少许食用盐、糖和味精调好味； 步骤 4：将牛蹄筋和春笋段倒入焖煮 8～10 min，待牛蹄筋烧至软烂后，将剩余的汤汁用旺火收浓，再用水淀粉勾芡，最后淋上少许事先炸好的葱油便可出锅。
技术关键		（1）在炸葱油时切不可将葱炸糊，否则烧出的菜肴会带有微微的苦涩，影响菜肴的整体味道； （2）烧制的时间最好控制在 8～10 min。
类似菜肴		葱烧海参、葱烧鱿鱼、葱烧口蘑等。

葱烧牛蹄筋

 托克托县炖鱼

视频：
托克托县炖鱼

一、菜肴介绍

托克托县炖鱼为内蒙古托克托县地区的一道民间菜肴,其主要食材是黄河鲤鱼和本地农村豆腐,再利用本地独产的辣椒面和小茴香面烹制而成。托克托县红辣椒独特的香气,经过小火长时间炖制,使菜肴具有色泽黄红、肉质鲜美、味香醇厚的特点。此菜又是动物蛋白(鱼)和植物蛋白(豆腐)的完美组合,有利于蛋白质互补。

二、菜肴制作

1 托克托县炖鱼的加工流程

初加工→调味→炖制→出锅装盘

2 托克托县炖鱼的加工制作

加工设备、工具		灶具、砧板、刀具、盛器等。
原料	主辅料	黄河鲤鱼 1 kg、托克托县农村豆腐 300 g。
	调味料	托克托县辣椒面 30 g、葱段 20 g、姜片 20 g、托克托县小茴香面 20 g、猪油 50 g、胡麻油 10 g、食用盐 5 g、酱油 20 g、花椒面 10 g、干姜面 10 g、大料面 8 g、韭菜 10 g、香菜 10 g、陈醋 10 g。
加工步骤		步骤 1:将黄河鲤鱼宰杀洗净待用; 步骤 2:锅内放入猪油烧热,放入托克托县辣椒面 30 g、葱段 20 g、姜片 20 g、托克托县小茴香面 20 g 炝锅,待炒出红油后,添加适量水,烧开后放入鲤鱼、切好的豆腐块,然后加入胡麻油 10 g、食用盐 5 g、酱油 20 g、花椒面 10 g、干姜面 10 g、大料面 8 g,调好味备用; 步骤 3:烹入少许陈醋,小火炖约 1 h,便可出锅装盘,最后在鱼身上撒上韭菜、香菜,使颜色更加亮丽。
技术关键		(1) 选料必须选用黄河鲤鱼; (2) 最好选用托克托县当地辣椒面和小茴香面; (3) 炖制的时间、火候一定要把握好。
类似菜肴		托县炖羊肉、托县排骨炖豆角、托县红烧肉炖豆腐等。

托克托县炖鱼

红焖羊肉

一、菜肴介绍

红焖羊肉是内蒙古鄂尔多斯市的一道特色美食，以肉嫩、味鲜、汤醇等特点深受各路食客的好评，做红焖羊肉讲究火候、辅料、配料、吃法等，其主料是选用当地阿尔巴斯公山羊的后腿肉，配料是土豆、胡萝卜等。

二、菜肴制作

① 红焖羊肉的加工流程

选料→切块→焯水→撇沫→投料→加盖焖制→出锅装盘

② 红焖羊肉的加工制作

加工设备、工具		灶具、砧板、刀具、盛器等。
原料	主辅料	公山羊后腿肉 1.5 kg、土豆 500 g。
	调味料	酱油 10 g、料酒 10 g、花椒 10 g、大料 5 g、小茴香 10 g、香叶 5 g、姜块 100 g、大葱 150 g、蒜 20 g、食用盐 8 g、色拉油 50 g。
加工步骤		步骤1：把羊肉剁成 2.5 cm 近方形的块，放入清水中浸泡 2～3 h 捞出，沥尽血水，入沸水锅中焯水撇去浮沫，再捞起沥干水分待用；

续表

加工步骤	步骤2:炒锅置火上,放色拉油烧至六七成热,先下姜块、大葱、蒜、花椒爆香,随即将羊肉块倒入锅中爆炒,再烹入部分料酒、酱油,待羊肉收缩变色后,加入约2 kg清水,投入大料、香叶、小茴香等各种香料调好味; 步骤3:大火烧开后改小火加盖焖至40 min,待汤汁收干时出锅装盘,撒上葱花即可上桌。
技术关键	(1)选料必须选用公山羊肉的后腿肉; (2)炖制的时间要掌握好。
类似菜肴	鄂尔多斯干崩羊肉、和林炖羊肉、红焖鸡块等。

红焖羊肉

视频:
干炸里脊

一、菜肴介绍

　　干炸里脊是以猪里脊肉为主要食材制成的一道美食,是内蒙古东西部地区的一道传统名菜,选用猪里脊肉经刀工处理、调料腌制、挂糊油炸等工艺制作而成,此菜色泽金黄、外焦里嫩,制作较为耗时。

二、菜肴制作

❶ 干炸里脊的加工流程

　　选料→切段→腌制→挂糊→炸制

❷ 干炸里脊的加工制作

加工设备、工具		灶具、砧板、刀具、盛器等。
原料	主辅料	猪里脊肉 300 g。
	调味料	淀粉 60 g、面粉 30 g、色拉油 150 g、食用盐 5 g、鸡精 3 g、葱 10 g、姜 10 g、料酒 8 g、酱油 3 g、黑胡椒粉 3 g、椒盐 15 g。
加工步骤		步骤 1：将猪里脊肉片成 1 cm 厚的片，剞十字花刀，再切成 1 cm 宽、5 cm 长的条，用食用盐、料酒、酱油、黑胡椒粉、葱、姜腌制 30 min 备用； 步骤 2：将淀粉、面粉、少量色拉油和成水粉糊备用； 步骤 3：将腌制好的猪里脊肉挂糊，逐个下入油锅炸至外皮凝固捞出，至油温上升至七成热时，复炸至金黄色捞出； 步骤 4：上桌时蘸椒盐食用即可。
技术关键		(1) 选料要选用猪里脊肉或猪通脊肉； (2) 挂糊一定要逐个下锅，防止粘连； (3) 油温控制好，一定要进行二次复炸。
类似菜肴		锅包肉、干炸小丸子、干炸口蘑等。

干炸里脊

 脆皮炸鲜奶

视频：
脆皮炸鲜奶

一、菜肴介绍

脆皮炸鲜奶是一道内蒙古当地特色小吃，以鲜奶、生粉、糖、蛋清、面粉、食用盐、发酵粉、色拉油等为原材料制作而成。做这道菜比较原汁原味的做法是用牛奶，也可用其

Note

他奶代替。做好的脆皮炸鲜奶外表金黄、里面雪白，外表酥脆、里面爽嫩，而且吃起来有淡淡的奶香味，实在令人回味无穷。

二、菜肴制作

1　脆皮炸鲜奶的加工流程

勾兑牛奶→晾凉→制作脆皮浆→炸制捞出

2　脆皮炸鲜奶的加工制作

加工设备、工具		灶具、砧板、刀具、盛器等。
原料	主辅料	鲜奶 500 g、生粉 205 g、糖 50 g、鸡蛋 6 个、面粉 500 g。
	调味料	食用盐 2 g、发酵粉 1 汤匙、色拉油 1 kg。
加工步骤		步骤 1：把鲜奶、糖、生粉、蛋清一起倒在大碗中，搅拌均匀，然后倒入锅中，煮沸后转为小火，慢慢翻炒至呈糊状后铲起放在盘内摊平晾凉，然后放入冰箱冷却变硬后取出切成条状备用； 步骤 2：将面粉 300 g、生粉 200 g、色拉油 150 g、水 200 g、食用盐少许、发酵粉少许，放在盆内拌匀，调成脆皮浆待用； 步骤 3：锅里放油烧至六成热，然后再将切好的冰奶糕裹上脆皮浆逐条下入油锅炸制，待炸至色泽金黄时捞出即可。
技术关键		(1) 熬制鲜奶时火候不能太大； (2) 炸制时必须逐条下锅； (3) 裹糊脆皮浆时一定要将冰奶糕完全包裹住。
类似菜肴		蚕丝鲜奶、顶霜香蕉、脆皮虾等。

脆皮炸鲜奶

 芜爆肚丝

一、菜肴介绍

芜爆肚丝是采用内蒙古草原现宰杀的猪肚为主要食材,配以香菜、沙葱等调味料通过旺火爆炒的烹调方法制作而成,此菜成品特点是白绿相间、口味鲜咸微辣、肚丝柔韧、菜香味浓。

二、菜肴制作

① 芜爆肚丝的加工流程

清洗干净→余水→切丝→兑汁→爆炒→出锅装盘

② 芜爆肚丝的加工制作

加工设备、工具		灶具、砧板、刀具、盛器等。
原料	主辅料	猪肚 500 g。
	调味料	食用盐 5 g、味精 3 g、鸡精 5 g、生抽 5 g、陈醋少许、料酒 5 g、胡椒粉少许、青辣椒 1 个、黄辣椒 1 个、洋葱 10 g、香菜 5 棵、大葱 50 g、生姜 20 g、大蒜 6 瓣、香油适量、食用碱适量等。
加工步骤		步骤1:用食用碱、陈醋搓洗生猪肚,刮掉表面白油、杂质,用清水洗净后放沸水中余 3 min,捞出,另换净水,放入猪肚、葱段、料酒、姜片用微火煮透后捞出,猪肚切细丝备用; 步骤2:大葱先切段再切丝,姜、蒜洗净切丝,香菜洗净切段,青、黄辣椒洗净切丝,洋葱洗净切丝备用; 步骤3:锅内放色拉油烧热,放辣椒丝、洋葱丝、葱丝、蒜丝爆香,加入猪肚丝翻炒,加入料酒、生抽、食用盐、姜汁、味精、鸡精、陈醋,最后放胡椒粉、香菜,淋少许香油快速翻炒均匀即可。
技术关键		(1)清洗一定要彻底、干净; (2)爆炒时要把握好火候。
类似菜肴		芜爆羊头肉、芜爆土豆丝、芜爆羊肉等。

芜爆肚丝

一、菜肴介绍

抓炒鲤鱼片是内蒙古地区根据传统"四大抓",以当地黄河鲤鱼为主要食材的一道创新菜肴,其主要做法是将黄河鲤鱼、蛋清、面粉、花生油、酱油、糖等,通过挂糊、炸制出锅、快速浇汁翻炒烹制而成。

二、菜肴制作

❶ 抓炒鲤鱼片的加工流程

宰杀→清洗→刀工处理→制糊→炸制→勾兑汤汁→翻拌→出锅

❷ 抓炒鲤鱼片的加工制作

加工设备、工具		灶具、砧板、刀具、盛器等。
原料	主辅料	鲤鱼250 g、(玉米)淀粉30 g、鸡蛋1个、面粉适量。
	调味料	花生油50 g、大葱10 g、姜4 g、酱油10 g、糖40 g、醋25 g、食用盐2 g、料酒15 g。
加工步骤		步骤1:将鲤鱼宰杀洗净,剔去外皮和骨刺,鱼肉切成长3 cm、宽2.5 cm、厚0.5 cm的长方状片,放到碗内,碗内加蛋清、食用盐、料酒稍腌片刻,再将淀粉、面粉放到碗内,加少许清水拌匀,调成厚糊备用;

129

续表

加工步骤	步骤2：锅内放花生油烧至八成热，将鱼片挂匀厚糊，分片散开，下至锅内，边放边用手勺推动，待鱼片放完后端锅离火片刻，用漏勺将鱼片捞起，待油温升高至七八成热时，再次将鱼片投入速炸，待鱼片浮出油面、外皮脆硬、呈黄色时迅速捞起，控去余油（前后炸约2 min）备用； 步骤3：锅内留少许底油，放至火上，烧至六七成热，把事先用酱油、料酒、糖、醋、葱花、姜末、少许淀粉和鲜汤调成的芡汁倒入锅内，待芡汁冒起大泡时淋入少许烧热明油，随即倒入炸好的鱼片，颠翻均匀，浓汁裹匀，即可出锅。
技术关键	（1）面糊一定要浓稠； （2）鱼片必须进行二次复炸； （3）锅内兑入芡汁时要快速将鱼片翻炒均匀出锅。
类似菜肴	抓炒腰花、抓炒豆腐、抓炒里脊等。

抓炒鲤鱼片

视频：
拔丝奶皮

一、菜肴介绍

拔丝奶皮是一道内蒙古的代表菜肴，特点是甜香可口、奶香浓郁。先在面粉、淀粉中加入水、色拉油，搅成糊状备用，再将奶皮切成菱形块，逐个挂糊炸至金黄色，最后将其放入熬好的糖浆中翻裹均匀，出锅撒上芝麻即可。

二、菜肴制作

1 拔丝奶皮的加工流程

制糊→切菱形块→炸制→炒糖浆→拔丝→出锅

②拔丝奶皮的加工制作

加工设备、工具		灶具、砧板、刀具、盛器等。
原料	主辅料	奶皮、面粉200 g、淀粉300 g。
	调味料	糖100 g、白芝麻适量、色拉油1 kg。
加工步骤		步骤1：在面粉、淀粉中加入适量水搅拌均匀，加入适量色拉油，搅成糊状待用，将准备的奶皮切成菱形块待用； 步骤2：锅上火加入色拉油，等油温升至四五成热时，奶皮挂糊炸制定形，捞出沥干油，等油温升至五六成热时，再放入炸至色泽金黄后捞出待用； 步骤3：锅内加一点水，放入糖炒化，至微黄时倒入炸好的奶皮，翻炒出锅撒上芝麻即可。
技术关键		（1）面糊挑起时能自然流下为佳； （2）奶皮必须要进行二次复炸； （3）炒制糖浆时要求小火。
类似菜肴		拔丝白果、拔丝橘子、拔丝葡萄等。

拔丝奶皮

 烤羊腿

一、菜肴介绍

　　烤羊腿是内蒙古地区招待宾客的一道佳肴名菜，在烤全羊的工艺上演变而来。此菜以羊腿为主要食材，经过长期的发展，在羊腿烘烤过程中逐步增加了各种配料和新式

调味料,使其形、色、味、鲜集于一体,成品具有色美、肉香、外焦、内嫩、干酥不腻的特点,被人们赞为"眼未见其物,香味已扑鼻"。

二、菜肴制作

1 烤羊腿的加工流程

刀工处理→腌制→调味→烤制→摆形

2 烤羊腿的加工制作

加工设备、工具		灶具、砧板、刀具、盛器等。
原料	主辅料	嫩羊腿 1 只(约 1.75 kg)。
	调味料	孜然粉、辣椒面各 110 g,花椒面、葱花、香油各 3 g,葱末、姜片各 25 g,食用盐 10 g,红油 100 g,熟芝麻 20 g,洋葱丁 5 g,香料包(迷迭香草 1 g,花椒、八角各 5 g,白豆蔻 1 g,桂皮 3 g,丁香 1 g,山奈 2 g,小茴香 2 g,香叶 3 g),卤水 5 kg,色拉油 2 kg(实耗 300 g)。
加工步骤		步骤 1:嫩羊腿放入清水中浸泡 12 h,浸出血水,在羊腿内侧剞双十字刀,入沸水锅中余去血水,捞出控水备用; 步骤 2:锅中放入卤水、香料包大火烧开,放入嫩羊腿,转小火卤制 40 min,捞出晾凉; 步骤 3:将卤好的羊腿用 100 g 孜然粉、100 g 辣椒面、10 g 食用盐抹匀,刷红油,放入烤箱内 180 ℃烤至色泽金黄时拿出装盘; 步骤 4:锅留底油 30 g,五成热时,将姜片、葱末爆香,放入剩余孜然面、辣椒面、花椒面炒香,倒在羊腿上,撒上熟芝麻、葱花、洋葱丁,淋香油,出锅摆盘即可。
技术关键		(1) 煮制羊腿的卤汁; (2) 烤制的温度控制好,以保证色泽。
类似菜肴		烤全羊、烤羊背、烤羊棒骨等。

烤羊腿

 羊肉炒沙葱

视频：
羊肉炒沙葱

一、菜肴介绍

羊肉炒沙葱一般选内蒙古大草原上的极品羔羊肉来制作。羔羊放养在长有密集野生沙葱的草场，常年吃沙葱长大，肉质鲜嫩、味香不膻、久煮不老、食而不腻，有很高的营养价值，是牧民招待尊贵客人的上乘菜肴。

二、菜肴制作

1 羊肉炒沙葱的加工流程

切片→炝锅→旺火煸炒→出锅

2 羊肉炒沙葱的加工制作

加工设备、工具		灶具、砧板、刀具、盛器等。
原料	主辅料	羔羊肉 500 g、沙葱 300 g。
	调味料	蒜 2 瓣、食用盐 3 g、色拉油适量、酱油 3 g、香油 2 g、花椒面 2 g。
加工步骤		步骤1：将羔羊肉切成片待用。 步骤2：沙葱切长段，蒜切片，热油下锅，煸香蒜片，放入沙葱段、花椒面炝锅。 步骤3：放入羊肉片，用筷子把羊肉片打散，均匀受热，放食用盐、酱油，迅速翻炒，临出锅放香油，翻炒出锅即可。
技术关键		（1）选料要选牧区当年羔羊肉； （2）炒制时的火候要把握好。
类似菜肴		沙葱炒腰花、沙葱炒牛肉、沙葱炒鸡蛋等。

羊肉炒沙葱

一、菜肴介绍

白彦花肉勾鸡又名猪肉勾鸡,其制作方法是把猪肉和鸡肉过油,入锅加入土豆,切好葱、蒜、姜,加上花椒、大料,中火炖熟,是内蒙古巴彦淖尔市的又一特色家常菜。这道菜经济实惠、营养丰富、香味独特,鲜香的鸡肉加上爽口的猪肉真让人口水直流。

二、菜肴制作

① 白彦花肉勾鸡的加工流程

切块→炒制→加盖炖制→转中火收汁→出锅装盘

② 白彦花肉勾鸡的加工制作

加工设备、工具		灶具、砧板、刀具、盛器等。
原料	主辅料	猪五花肉 1 kg、三黄鸡 1 只、土豆 400 g。
	调味料	葱、姜 5 片,蒜 2 瓣,八角 3 颗,花椒适量,茴香粒适量,食用盐适量,老抽 10 g,生抽 20 g,糖半勺,料酒 1 匙,花椒面、干姜面、大料面各 5 g 等。
加工步骤		步骤 1:猪五花肉剁成小块,入冷水锅焯水备用,整鸡剁成大小均等的块,也焯水备用,土豆去皮切滚刀块备用; 步骤 2:锅内放少量花生油,油热加入猪五花肉先煸炒,加少量料酒和糖并放入姜片、葱花、蒜末、八角、茴香粒继续煸炒,再加入鸡块,放适量酱油、料酒炒 2 min,再加入土豆块,继续煸炒 3 min; 步骤 3:炒至肉块、土豆块均匀着色后,加水至刚没过菜,加盖大火炖开,转中火继续炖至肉软土豆烂; 步骤 4:揭开锅盖,转大火收汁即成。
技术关键		(1) 切块一定要大小均匀一致; (2) 炖制的时间与火候要把握好。
类似菜肴		排骨酸菜炖豆角、杀猪菜、精烩菜等。

白彦花肉勾鸡

 风味羊头捣蒜

一、菜肴介绍

风味羊头捣蒜精选羊头中最鲜美的肉,经过厨师精心烹制,放置在羊头骨中间,蘸着蒜香扑鼻的小料,不仅味道让人无法忘怀,羊头骨更是充满了江湖的味道,也能助酒兴。

二、菜肴制作

❶ 风味羊头捣蒜的加工流程

煮制羊头➡配制小料➡改刀、码盘➡带蘸料上桌

❷ 风味羊头捣蒜的加工制作

加工设备、工具		灶具、砧板、刀具、盛器等。
原料	主辅料	去毛羊头 1 个约 1.5 kg。
	调味料	腌蒜 150 g、大蒜 50 g、葱 30 g、姜 30 g、食用盐 50 g、味精 10 g、陈醋 20 g、生抽 50 g、花椒 8 g、干辣椒 5 g、香叶 2 g、小茴香 5 g、香油 10 g、红油 30 g。
加工步骤		步骤1:将葱洗净切段,姜洗净拍松,羊头从下巴处掰开,冲洗干净,用冷水浸泡 1 h,取出后放入不锈钢锅(桶)内加冷水没过羊头,小火烧开后撇去浮沫,加入葱段、姜、花椒、干辣椒、香叶、小茴香、食用盐 40 g 小火焖 30 min,捞出后趁热剔下羊头肉,切成长 5 cm 的条备用;

135

加工步骤	步骤 2：将去肉后的羊头从中缝处敲开脑壳，露出羊脑（不要下巴），把切好的羊头肉整齐地码放在羊脑上即可； 步骤 3：将大蒜捣成泥放入碗中，加入食用盐 10 g、味精、陈醋、生抽、腌蒜，淋入红油和香油制成蘸料，同羊头一起上桌。
技术关键	（1）羊头选用和林格尔县当年生的羯羊，此羊常年食用柴胡、甘草、蒲公英等草药，饮山中的泉水； （2）羊头必须用冷水慢慢烧开，然后用小火焖制，否则羊头表面的肉熟了，羊脑还没有熟。
类似菜肴	砧板肘子、炖牛头肉配腊八蒜、猪头肉炒腊八蒜。

风味羊头捣蒜

巴盟烩酸菜

视频：
巴盟烩酸菜

一、菜肴介绍

巴盟烩酸菜是内蒙古西北部一道深受欢迎的家常菜，排骨肥而不腻，酸菜酸香爽口，绵软的土豆，滑溜的粉条，汁少而不干硬，配上一碗香喷喷的米饭，大口吃菜、吃肉、吃饭，大碗喝酒，绝对是件幸福的事。

二、菜肴制作

1 巴盟烩酸菜的加工流程

切块→炒至上色→大火烧开→小火烩制

② 巴盟烩酸菜的加工制作

加工设备、工具		灶具、砧板、刀具、盛器等。
原料	主辅料	猪五花肉 500 g、酸菜 400 g、土豆 500 g、粉条 200 g、豆腐 300 g。
	调味料	葱花 15 g、干姜粉 5 g、花椒粉 8 g、红烧酱油 10 g、葱 20 g、蒜 20 g、食用盐 5 g、大料粉 8 g。
加工步骤		步骤 1：将猪五花肉切成厚片，土豆切成滚刀块，粉条洗净，豆腐切菱形片，酸菜洗净、沥干水分备用； 步骤 2：油锅加热，加入肉片、葱、蒜，用中火炒至肉发白，加入花椒粉、干姜粉、大料粉、红烧酱油入色，加入酸菜、土豆块大火翻炒上色、爆香备用； 步骤 3：加水没过酸菜、土豆，再加入食用盐调好味，加盖烩 10～15 min 后加入豆腐，继续烩 10 min 左右，再加入粉条烩 5 min 即可出锅。
技术关键		（1）选料最好选用猪五花肉； （2）注意入料的先后顺序，酸菜一定要先放入； （3）小火烩制； （4）烩制时间的把控。
类似菜肴		排骨烩酸菜、红烧肉烩酸菜、红烧鸡块烩酸菜等。

巴盟烩酸菜

一、菜肴介绍

石头烤羊肉蒙古语是"搞日赫"（直译）。石头烤羊肉虽然看起来普通，但制作相当耗时。先要将石头烤热,再利用石头的热量来烤羊肉,不加多余的调料,原汁原味。石头烤羊肉的特点是保持了羊肉原有的野味,又醇香浓郁、嫩而不腻,吃起来又香又鲜,可谓是招待贵宾的佳肴。

二、菜肴制作

1 石头烤羊肉的加工流程

羊肉改刀→清洗→烧鹅卵石→按顺序放入主辅料→加盖烤制

2 石头烤羊肉的加工制作

加工设备、工具		灶具、砧板、刀具、盛器等。
原料	主辅料	带骨羊肉 5 kg、洋葱 1 个、胡萝卜 1 个。
	调味料	鹅卵石 20 块、香叶 3～5 片、食用盐适量。
加工步骤		步骤 1:将带骨羊肉分割成大块状,清洗干净待用; 步骤 2:取高压锅注入适量的水,底部放入洋葱、胡萝卜块加食用盐调好味; 步骤 3:将切好的大块羊肉放入锅内,再将事先烧红的鹅卵石用火钳夹出放在羊肉上,然后放一层羊肉,再放一层石头,以此类推; 步骤 4:加盖加热 40 min 后取出装盘即可上桌。
技术关键		(1)石头要选用鹅卵石; (2)加热时间要把握好。
类似菜肴		烤猪方、烤羊腿、烤羊背。

石头烤羊肉

视频：
和林格尔炖羊肉

一、菜肴介绍

和林格尔炖羊肉是内蒙古呼和浩特市和林格尔县的传统美食。此菜选用当地山区绵羊肉,冷水下锅,慢火炖至汤汁浓稠时,撒上葱花即成。此菜类似卓子山熏鸡,成了和林格尔县的一大招牌,也是招待外来宾客的一道特色菜肴,同时也成了绿色健康羊肉的代名词。此菜以香醇味美、黏绵韧滑、鲜美可口而闻名。

二、菜肴制作

①和林格尔炖羊肉的加工流程

切块→冷水下锅→撇去浮沫→中小火炖制→出锅→撒葱花上桌

②和林格尔炖羊肉的加工制作

加工设备、工具		灶具、砧板、刀具、盛器等。
原料	主辅料	羊肉 1.5 kg、土豆 750 g。
	调味料	料酒 3 小匙,葱、姜、蒜各 20 g,食用盐适量,花椒 5 g。
加工步骤		步骤 1:将羊肉放入凉水逐步加热,沸腾后撇去浮沫,加入葱、姜、蒜、食用盐、花椒调好味; 步骤 2:大火烧开,改为中小火炖制 40 min,加入土豆,再次炖制 20 min,待汤汁浓稠时,出锅装盘撒上葱末即可。
技术关键		(1) 选料一定要选和林格尔县当地羊,最好选当年的羔羊肉; (2) 羊肉与水的比例要把握好,最好一次性把水加足。
类似菜肴		羊肉炖萝卜、羊肉炖冬瓜。

和林格尔炖羊肉

 风干肉烩菜

一、菜肴介绍

风干肉是蒙古族比较有名的传统食品,主要分为风干羊肉和风干牛肉,其中风干牛肉高蛋白、低脂肪、风味独特,更具地方特色。因此在长期的历史发展中,用风干牛肉制作的菜肴也越来越被受人们喜爱。风干肉烩菜就是采用风干牛肉烹制的一道美食佳肴,也是招待外来宾客的必选菜肴,此菜以鄂尔多斯地区烹制的最为著名。

二、菜肴制作

1 风干肉烩菜的加工流程

改刀切段→温水浸泡→撇去浮沫→下料调味→中火炖制

2 风干肉烩菜的加工制作

加工设备、工具		灶具、砧板、刀具、盛器等。
原料	主辅料	干牛肉 750 g、土豆 500 g、豆腐 500 g、干豆角 200 g。
	调味料	食用盐 5 g,花椒 5 g,葱、姜、蒜各 20 g,干姜面 10 g,黄豆酱油 10 g。
加工步骤		步骤 1:先将干牛肉用温水浸泡,然后放入冷水锅中逐步加热,待彻底沸腾时,撇去浮沫待用; 步骤 2:加入葱、姜、蒜、花椒、干姜面和食用盐调好味待用; 步骤 3:将牛肉倒入压力锅内大火烧开,转中火炖制 30 min 后倒入铁锅内,放入干豆角、土豆再炖 15 min; 步骤 4:放入豆腐,接着炖制 10 min 左右,待汤汁浓稠时撒上葱花即可出锅。
技术关键		(1) 注意浸泡时间; (2) 注意炖制的火候; (3) 用高压锅炖制 30 min 为佳。
类似菜肴		红烧肉烩菜、风干肉烩豆角粉条、风干肉烩大瓜。

风干肉烩菜

视频：
羊肉酿茄子

一、菜肴介绍

　　羊肉酿茄子是内蒙古地区特色传统名菜,属家常菜,以茄子、羊肉等为食材制作。茄子含有维生素 E,有防止出血和抗衰老功能,常吃茄子,可降低胆固醇,保护心血管,预防高血压、冠心病、动脉粥样硬化等,对延缓人体衰老具有积极意义。用羊肉、沙葱、紫苏酿制后营养更丰富,味道更佳,是老少皆宜的佳肴。

二、菜肴制作

❶ 羊肉酿茄子的加工流程

> 制馅→茄子切成夹刀片→酿馅→炸制→上笼蒸熟

❷ 羊肉酿茄子的加工制作

加工设备、工具		灶具、砧板、刀具、盛器等。
原料	主辅料	羊肉 500 g,茄子 300 g,面粉 50 g,淀粉 50 g,鸡蛋 2 个。
	调味料	色拉油 500 g,葱 10 g,姜 10 g,食用盐 5 g,花椒粉 5 g,干姜粉 5 g,生抽 5 g,高汤 300 g。
加工步骤		步骤 1:羊肉去骨切碎打水,加入调味品拌匀制成羊肉馅待用。 步骤 2:茄子去皮切成半圆形双层夹刀片,酿馅、蘸面粉、拖蛋糊封口。 步骤 3:锅内加油烧热,放入茄夹炸至金黄色捞出装入碗内,放入调味料及高汤（羊骨熬制的汤）上笼蒸熟,翻扣在盘中,并浇薄芡即成。

续表

技术关键	（1）羊肉馅要打水以保持嫩度； （2）把握好蒸制的时间。
类似菜肴	羊肉酿苦瓜、猪肉酿茄子、牛肉酿茄子等。

羊肉酿茄子

视频：
扒牛肉

一、菜肴介绍

扒菜从菜肴的造型划分，可分为勺扒和笼扒两种。勺扒，就是将食材改刀成形摆成一定形状放在勺内加热成熟，最后大翻勺出勺即成。笼扒，就是所谓的蒸扒，食材摆成一定的图案后，加入汤汁、调味料上笼蒸制，最后出笼，汤汁烧开后勾芡浇在菜肴上即成。扒牛肉属于后一种，是内蒙古西部地区比较受人们欢迎的一道美味佳肴，属于家常菜。成品具有色泽红润、牛肉酥烂、味鲜适口的特点。

二、菜肴制作

1 扒牛肉的加工流程

煮制→切片→码盘→兑汁→上笼蒸熟→勾薄芡

2 扒牛肉的加工制作

加工设备、工具		灶具、砧板、刀具、盛器等。
原料	主辅料	牛腩 750 g。
	调味料	葱 15 g、姜 15 g、食用盐 10 g；B 料：葱 5 g、姜 5 g、蒜 5 g、食用盐 3 g、辣椒 3 g、花椒 3 g、大料 3 g；C 料：淀粉 5 g、老抽 3 g。

Note

142

续表

加工步骤	步骤1：牛腩切15 cm近方形的大块，用冷水浸泡备用； 步骤2：锅内加冷水放入牛肉块，慢慢升温，待水开后撇去浮沫，随后放入A料煮至七成熟捞出晾凉，同时留牛肉汤； 步骤3：晾凉的牛肉块切薄片，码入碗内，加汤，加B料上笼蒸熟； 步骤4：蒸熟的牛肉片翻扣在盘内，放入C料，调好芡汁的稠稀度和色泽，浇上芡汁即成。
技术关键	（1）调味； （2）蒸制的时间。
类似菜肴	扒肉条、扒牛脸、扒猪脸。

扒牛肉

金米烩丸子

一、菜肴介绍

　　金米烩丸子可谓是内蒙古当地冬季的一道特色美食，选用内蒙古清水河县的小香米和猪肉丸子结合在一起制作而成。此菜荤素搭配，营养均衡，制作精良。此菜为家常菜，味道独特，便于消化吸收，适合老年人和儿童食用。

二、菜肴制作

❶ 金米烩丸子的加工流程

　　制馅→氽丸子→上笼蒸熟→煮制

② **金米烩丸子的加工制作**

加工设备、工具		灶具、砧板、刀具、盛器等。
原料	主辅料	猪五花肉(三成肥、七成瘦)400 g、清水河县的小香米200 g、咸蛋黄2颗、鸡蛋1个、金瓜泥5 g、生菜叶末5 g。
	调味料	食用盐5 g。
加工步骤		步骤1:将猪五花肉剁成馅,加蛋清、食用盐上浆搅拌均匀备用; 步骤2:锅内加清水慢慢烧热,将拌好的猪五花肉馅制成直径为1 cm的肉丸子,逐个放入烧热的水中,慢慢加热,直到全熟后捞出; 步骤3:将咸蛋黄上笼蒸熟剁碎备用,金瓜蒸熟捣成泥茸状备用; 步骤4:另取一锅加清水,放入洗好的小米煮熟后依次加入食用盐、咸蛋黄、金瓜泥以及氽好的丸子,烧开后出锅撒上生菜叶末后装入特定的器皿中即可。
技术关键		(1) 注意主辅料的比例; (2) 注意氽肉丸子的水温。
类似菜肴		小米辽参、红烧丸子、白菜烩丸子等。

金米烩丸子

嘎巴锅鸡翅炖红薯

一、菜肴介绍

嘎巴锅鸡翅炖红薯源于内蒙古东部,是一道近年创新的农家菜肴,主要利用自家养殖的鸡的鸡翅为主料,再配上红薯,经小火加热制熟。营养丰富,家庭风味浓郁,现已搬上宴席,适合妇女、儿童等食用。

二、菜肴制作

① **嘎巴锅鸡翅炖红薯的加工流程**

炝锅→加入高汤→小火炖制→出锅装盘

② **嘎巴锅鸡翅炖红薯的加工制作**

加工设备、工具		灶具、砧板、刀具、盛器等。
原料	主辅料	鸡翅 450 g、红薯 400 g。
	调味料	食用盐 6 g、辣妹子酱 5 g、葱段 10 g、姜末 8 g、八角 3 g、良姜 3 g、白芷 3 g、料酒 15 g、蚝油 10 g、老抽 6 g、高汤 400 g、色拉油 100 g。
加工步骤		步骤 1：将鸡翅洗净，从关节处切成三段，焯水后捞出，红薯去皮切成小滚刀块； 步骤 2：炒锅上火，加入色拉油烧热，放入葱段、姜末、八角、良姜、白芷炝锅，再放入鸡翅煸炒，加入老抽、料酒、食用盐、蚝油、辣妹子酱，呈金红色时加入高汤 400 g，小火炖 10 min，再加入红薯炖熟即成，去掉葱段、姜末、八角、良姜、白芷，装入汤盆内即可。
技术关键		（1）选用比较嫩的鸡翅； （2）刀工处理要均匀； （3）炖制时要用小火慢炖； （4）如选用的是老鸡翅，可用高压锅压 10 min。
类似菜肴		排骨炖土豆、排骨炖豆腐、排骨炖萝卜等。

嘎巴锅鸡翅炖红薯

黄蘑炖土豆

一、菜肴介绍

内蒙古阿尔山地区的黄蘑属于贺兰山山脉的菌类,称贺蘑。它不仅风味独特、肉质细腻、香味浓郁,而且营养丰富,药用价值和功效独特,再配上土豆、白菜,营养更加全面,口味清淡,老少皆宜。

二、菜肴制作

1 黄蘑炖土豆的加工流程

清洗干净→切丁→炖制

2 黄蘑炖土豆的加工制作

加工设备、工具		灶具、砧板、刀具、盛器等。
原料	主辅料	水发阿尔山黄蘑 150 g、土豆 400 g、小白菜 100 g。
	调味料	食用盐 7 g、葱花 10 g、姜末 10 g、高汤 1.5 kg、料子油 50 g。
加工步骤		步骤 1:将水发阿尔山黄蘑择洗干净,土豆去皮切成 1 cm 的小丁,小白菜切 2 cm 长的段待用; 步骤 2:炒锅上火,加入高汤烧开,下入土豆、黄蘑、食用盐、葱花、姜末,小火炖 10 min,再放入小白菜炖 2 min,加入料子油即成。
技术关键		(1)炖制时要用小火慢炖; (2)炖制的时间要在 30 min 以上。
类似菜肴		黄蘑炖小鸡、黄蘑炖豆角、黄蘑炖红薯。

黄蘑炖土豆

146

 **腌猪肉小白菜**

视频：
腌猪肉小白菜

一、菜肴介绍

腌猪肉是内蒙古西部民间自创的一种储存猪肉的产品，也是民间家庭制作的一道风味佳肴，食材独特，制作简便，适合中老年食用。利用腌猪肉为食材烹调的菜肴，深受人们的喜爱。

二、菜肴制作

①　腌猪肉小白菜的加工流程

> 切条→焯水→烩制

②　腌猪肉小白菜的加工制作

加工设备、工具		灶具、砧板、刀具、盛器等。
原料	主辅料	腌猪肉 90 g、土豆 260 g、小白菜 300 g。
	调味料	食用盐 4 g，葱、姜、蒜末各 10 g，酱油 3 g，干姜面、花椒面、大料面各 3 g，醋 3 g，色拉油 50 g。
加工步骤		步骤 1：将腌猪肉切成长 6 cm、宽 4 cm、厚 0.3 cm 的片，土豆切成长 3 cm，宽、厚 1 cm 的条焯水，白菜切成 3 cm 的段待用； 步骤 2：炒锅上火，加入色拉油烧热，放入葱、姜、蒜炝锅，再放入小白菜煸炒出水分，再加入腌猪肉和土豆条、食用盐、酱油、干姜面、花椒面、大料面、醋等调味料烩至土豆熟烂装盘即成。
技术关键		（1）加热时要用小火慢烩； （2）注意烩制时间控制在 20 min 左右。
类似菜肴		腌猪肉酸菜、腌猪肉油麦菜、腌猪肉菠菜等。

腌猪肉小白菜

大棒骨炖白菜

一、菜肴介绍

大棒骨炖白菜常见于内蒙古东部地区,是一道家喻户晓的农家绿色食品,主要利用自家养殖的猪的猪棒骨作为食材,再配上自己种植的绿色新鲜白菜,经小火加热制熟。营养丰富,家庭风味浓郁,现已搬上宴席,深受人们的喜爱。

二、菜肴制作

1 大棒骨炖白菜的加工流程

剁骨→加入高汤→炖制→装盆

2 大棒骨炖白菜的加工制作

加工设备、工具		灶具、砧板、刀具、盛器等。
原料	主辅料	猪棒骨 1 kg、大白菜 500 g。
	调味料	食用盐 7 g、葱段 10 g、姜片 20 g、大料 5 g、肉豆蔻 3 g、料酒 15 g、猪油 50 g、老抽 10 g 等。
加工步骤		步骤 1:将猪棒骨洗净,从中间断开一分为二,焯水后捞出,放入高压锅加入高汤、葱段、姜片、大料、肉豆蔻、料酒、老抽等炖制 20 min,白菜切成长 3 cm、宽 1.5 cm 的段待用; 步骤 2:炒锅上火,加入猪油烧热,放入葱段、姜片炝锅,然后放入白菜煸炒,再加入炖好的猪棒骨小火炖 3 min,去掉葱段、姜片、大料、肉豆蔻装入汤盆内即可。
技术关键		(1) 把握好口味及炖制的时间; (2) 炖制时要用小火慢炖。
类似菜肴		棒骨炖土豆、棒骨炖豆腐、棒骨炖萝卜等。

大棒骨炖白菜

家常炖羊蝎子

一、菜肴介绍

羊蝎子是内蒙古大草原民间常用的一种烹饪食材,也是内蒙古西部家庭制作的一道风味佳肴,将羊蝎剁成块,焯水后放入锅内,加入调味料,小火炖熟。

二、菜肴制作

❶ 家常炖羊蝎子的加工流程

焯水→放料→炖制

❷ 家常炖羊蝎子的加工制作

加工设备、工具		灶具、砧板、刀具、盛器等。
原料	主辅料	羊蝎子 2 kg。
	调味料	食用盐 12 g,葱段、姜片、辣椒各 20 g,酱油 23 g,花椒、茴香各 15 g,陈皮 10 g。
加工步骤		步骤1:将羊蝎子从自然关节处切开,焯水洗净待用; 步骤2:锅上火加入清水,放入葱段、姜片、辣椒、食用盐、酱油、花椒、茴香和羊蝎子烧开,用小火炖至熟烂装盘即可。
技术关键		(1)一定要将清汤的颜色炖制成乳白色; (2)炖羊蝎子的时候,要一次性把水加够; (3)羊蝎子需要煮到软烂才能够味。
类似菜肴		家常炖羊棒骨、家常炖羊肉、家常炖羊骨等。

家常炖羊蝎子

香辣牛腕骨

一、菜肴介绍

香辣牛腕骨常见于内蒙古东部地区,是一道家喻户晓的农家菜肴,主要利用大草原的牛腕骨为食材,再配上自己种植的绿色新鲜蔬菜红、绿椒,采用现代的调味料香辣酱,经小火加热制熟,营养丰富。

二、菜肴制作

① 香辣牛腕骨的加工流程

焯水→加入高汤→小火煮制→炒制

② 香辣牛腕骨的加工制作

加工设备、工具		灶具、砧板、刀具、盛器等。
原料	主辅料	牛腕骨 1.5 kg,红、绿椒 100 g。
	调味料	食用盐 17 g、葱段 10 g、姜片 8 g、大料 5 g、料酒 15 g、花椒 5 g、茴香 2 g、香辣酱 20 g、草果 3 g、桂皮 3 g、色拉油 1.5 kg、老抽 15 g、一品鲜酱油 50 g 等。
加工步骤		步骤 1:将牛腕骨洗净,焯水后捞出,放入锅内,加入高汤、食用盐、葱段、姜片、大料、花椒、茴香、草果、桂皮、老抽、一品鲜酱油小火煮 3 h 至熟烂,捞出去骨切成小块,红、绿椒切成菱形片。 步骤 2:炒锅上火,加入色拉油烧热,再放入切好的牛肉块滑油捞出,锅内留底油,再放入香辣酱炒香,烹料酒,再下入红、绿椒和牛肉块快速翻炒即可。
技术关键		(1) 刀工处理要均匀; (2) 煮制时要用小火。
类似菜肴		老汤牛腕骨、香辣牛排、香辣鱼块。

香辣牛腕骨

兰花扣肘子

一、菜肴介绍

猪肘子是全国各地较好的烹饪食材,兰花扣肘子在内蒙古东西部地区均有制作,主要利用自家养殖的猪,采用南方的烹调手法,是近年内蒙古地区创新的一道美味佳肴。

二、菜肴制作

1 兰花扣肘子的加工流程

焯水→加入高汤→剞花刀→上笼蒸制→浇汁

2 兰花扣肘子的加工制作

加工设备、工具		灶具、砧板、刀具、盛器等。
原料	主辅料	猪肘子 500 g、西蓝花 250 g。
	调味料	食用盐 16 g、葱段 10 g、花椒 20 g、姜 18 g、大料 25 g、蒜末 5 g、色拉油 50 g、老抽 25 g、桂皮 3 g、良姜 3 g、白芷 3 g、豆蔻 3 g、淀粉 15 g 等。
加工步骤		步骤 1:将猪肘子洗净,焯水后捞出放入锅内,加入清水 2 kg、食用盐、葱段、花椒、姜、大料、蒜末、老抽、桂皮、良姜、白芷、豆蔻小火煮熟捞出; 步骤 2:去掉骨头修成圆形,从里面剞上深而不透的斜十字花刀,然后装入大碗内,再浇上煮猪肘子的汁,上笼蒸 30 min 取出控尽汁扣在盘的中央,再将控出的汁放入锅内上火勾成薄芡浇淋在肘子上; 步骤 3:西蓝花用手撕成小朵洗净焯水,炒锅上火,加入油烧热,放入葱段、姜、蒜末炝锅,再放入西蓝花、食用盐煸炒勾芡摆在盘的四周即可。
技术关键		(1) 刀工处理要均匀,保证皮的完整; (2) 煮制时要用小火。
类似菜肴		兰花扣牛肉、兰花扣羊肉、兰花扣肉。

兰花扣肘子

滋补羊排锅

一、菜肴介绍

滋补羊排锅常见于内蒙古各地区,是一道家喻户晓的农家菜肴,主要利用大草原的羊排为食材,配以现代的调味料,再配上人参、红枣、栗子等,小火加热制熟,营养丰富,家庭风味浓郁。

二、菜肴制作

1 滋补羊排锅的加工流程

洗净→焯水→放入砂锅→煮熟

2 滋补羊排锅的加工制作

加工设备、工具		灶具、砧板、刀具、盛器等。
原料	主辅料	羊排 750 g,红枣、人参、栗子各 10 g。
	调味料	食用盐 5 g,葱段 10 g,姜片 8 g,料酒 5 g,花椒 5 g,茴香 2 g 等。
加工步骤		步骤 1:将羊排洗净剁成 3 cm 长的段,焯水后捞出备用; 步骤 2:将焯水后的羊排放入砂锅内,加入清水 2 kg、食用盐、葱段、姜片、料酒、花椒、茴香、红枣、人参、栗子小火煮 1 h 至熟烂即可。
技术关键		(1) 羊排块要大小均匀; (2) 煮制时要用小火。
类似菜肴		滋补牛排、滋补牛肉、滋补鸡块等。

滋补羊排锅

萝卜丝氽羊肉丸子

一、菜肴介绍

萝卜丝氽羊肉丸子源于鲫鱼萝卜丝,主要利用内蒙古大草原的绿色食品羊肉和当地出产白萝卜精细加工而成,不仅营养丰富,而且药用功效甚高,具有清肺、驱寒、补肾等功效,荤素搭配,有汤有菜,深受人们的喜爱。

二、菜肴制作

① 萝卜丝氽羊肉丸子的加工流程

剁馅→拌馅→切丝→焯水→制作丸子→氽熟

② 萝卜丝氽羊肉丸子的加工制作

加工设备、工具		灶具、砧板、刀具、盛器等。
原料	主辅料	精羊腿肉 300 g、白萝卜 200 g、鸡蛋 50 g。
	调味料	食用盐 8 g、葱姜汁 30 g、鸡粉 5 g、淀粉 10 g、香油 3 g、香菜 10 g、胡椒粉 3 g 等。
加工步骤		步骤 1:将精羊腿肉剁成羊肉泥,放入盆内,分次加入葱姜汁、鸡蛋、淀粉,顺着一个方向搅匀上劲,白萝卜切成细丝焯水待用; 步骤 2:炒锅上火放入鸡汤,加入食用盐、鸡粉、白萝卜丝烧开,将搅好的羊肉泥用手挤成小丸子放入锅内氽熟装入汤盆,加入胡椒粉、香油、香菜即可。
技术关键		(1) 羊肉要剁细; (2) 分次加入葱姜汁和鸡蛋; (3) 必须顺着一个方向搅匀上劲; (4) 羊肉丸断生即可,氽制时间短。
类似菜肴		白萝卜氽鸡、鱼、虾,猪里脊丸子。

萝卜丝氽羊肉丸子

酸汤肥羊

一、菜肴介绍

　　酸汤肥羊是利用内蒙古锡林浩特大草原的羔羊肉为食材，再配上水晶粉、金针菇等烹制的一道汤菜，原料独特，制作简便，酸汤可口，汤鲜肉美，荤素兼备，适合中老年等人群食用，深受人们的喜爱。

二、菜肴制作

１ 酸汤肥羊的加工流程

> 兑制酸汤→主料入盆→辅料放入锅底→煮熟

２ 酸汤肥羊的加工制作

加工设备、工具		灶具、砧板、刀具、盛器等。
原料	主辅料	羔羊肉 400 g、水晶粉 50 g、金针菇 50 g、南瓜泥 50 g。
	调味料	小米辣 50 g、鱼腥菜 200 g、食用盐 4 g、葱和姜丝 30 g、鸡粉 4 g、灯笼椒 10 g、白醋 10 g、鲜花椒 5 g。
加工步骤		步骤 1：将鱼腥菜、小米辣、鲜花椒、灯笼椒放入锅内，加入高汤小火熬 1 h，然后放入食用盐、鸡粉、南瓜泥、白醋调成酸汤； 步骤 2：水晶粉、金针菇放入水锅中煮熟捞出装入汤盆底，羔羊肉切薄片氽熟后放在汤盆上面，再浇上酸汤，撒上葱和姜丝即成。
技术关键		(1) 加热时用小火； (2) 掌握好加热时间。
类似菜肴		酸汤牛肉、酸汤鱼片、酸汤鸡片。

酸汤肥羊

红煨牛尾

一、菜肴介绍

牛尾是内蒙古特有的动物性高档烹饪食材,主要是将牛尾放入卤汤中,加入调味料,利用小火长时间煨熟的一道美味佳肴,肉香脱骨,质感软烂,风味独特,深受人们的喜爱。

二、菜肴制作

1 红煨牛尾的加工流程

洗净→焯水→小火煮熟→勾芡摆盘

2 红煨牛尾的加工制作

加工设备、工具		灶具、砧板、刀具、盛器等。
原料	主辅料	牛尾 1 kg。
	调味料	食用盐 10 g、葱段 10 g、花椒 20 g、姜 18 g、蒜 5 g、大料 25 g、老抽 25 g、桂皮 3 g、良姜 3 g、白芷 3 g、豆蔻 3 g、丁香 3 g、香叶 3 g、香菜 3 g 等。
加工步骤		步骤1:将牛尾洗净,剁成 6 cm 长的段,焯水后捞出放入锅内待用; 步骤2:锅内加入高汤、食用盐、葱段、花椒、姜、大料、老抽、桂皮、良姜、白芷、豆蔻、丁香、香叶小火煮熟捞出,去掉调味料,装入盘的中央,点缀上香菜。
技术关键		(1) 刀工处理要均匀; (2) 煮制时要用小火。
类似菜肴		红煨牛肉、红煨羊肉、红煨驴肉。

红煨牛尾

视频:
乳汁软炸口蘑

乳汁软炸口蘑

一、菜肴介绍

乳汁软炸口蘑是内蒙古名菜,此菜是 20 世纪 50 年代由内蒙古特一级烹饪大师吴明所创。因其选料精、风味佳,很受人们的喜爱,现已成为内蒙古全区餐馆的普通菜肴。

二、菜肴制作

1 乳汁软炸口蘑的加工流程

> 泡发→制蛋清糊→兑制芡汁→装盘

2 乳汁软炸口蘑的加工制作

加工设备、工具		灶具、砧板、刀具、盛器等。
原料	主辅料	干口蘑 50 g、鸡蛋 4 个、干淀粉 50 g、面粉 30 g、奶油 100 g。
	调味料	食用盐 1 g、味精 1 g、料酒 5 g、姜汁 3 g。
加工步骤		步骤 1:将干口蘑用开水泡 1 h,去蒂洗净泥沙,切成 3 cm 长、1 cm 宽的条,加食用盐、味精、料酒、姜汁腌制; 步骤 2:鸡蛋去蛋黄,蛋清打散,加干淀粉、面粉搅拌制成蛋清糊; 步骤 3:将腌制好的口蘑挂蛋清糊逐一放入油锅中炸至全熟,捞出装盘即可。
技术关键		(1) 蛋清必须打散,但不能打出泡沫; (2) 口蘑裹蛋清糊时应逐个进行,裹均匀,油温不宜太高。
类似菜肴		软炸虾仁、软炸鲜蘑。

乳汁软炸口蘑

一、菜肴介绍

柳蒿芽炖排骨是内蒙古东部地区的一道传统民间风味菜肴,选用大兴安岭、呼伦贝尔大草原鲜嫩的柳蒿芽(春末夏初采摘)和猪排经"炖"制而成。菜肴定名方式为主料名称前辅以特殊的配料及烹调方法,具有口味咸鲜、肉质软烂、微苦浓香、清香浓郁、营养丰富的特点,深受当地老百姓的喜爱。

二、菜肴制作

① 柳蒿芽炖排骨的加工流程

选料→加工→焯水→炖制→装盘

② 柳蒿芽炖排骨的加工制作

加工设备、工具		灶具、砧板、刀具、盛器等。
原料	主辅料	鲜猪排 600 g、柳蒿芽 500 g。
	调味料	食用盐 5 g、食用碱适量、料酒 20 g、葱段 20 g、姜片 15 g、蒜片 20 g、大料 5 g、酱油 24 g、色拉油 80 g、高汤 500 g。
加工步骤		步骤 1:将猪排斩成 4 cm 长的段,焯水待用; 步骤 2:将柳蒿芽择洗干净,放入开水锅中(放少许食用盐、食用碱)焯水后控水待用; 步骤 3:锅内放色拉油烧热,下入葱段、姜片、蒜片、大料煸炒出香味,投入猪排略炒,放入高汤、柳蒿芽,一并炖至全熟,盛入汤盆内即成。
技术关键		(1) 排骨块大小要均匀,使成熟时间一致; (2) 柳蒿芽焯水时放少许食用碱,除去异味,增加色彩; (3) 汤料比例为 1∶1,既吃菜又喝汤,汤菜合一。
类似菜肴		柳蒿芽炖鸡块、排骨炖豆角。

柳蒿芽炖排骨

一、菜肴介绍

兰花驼掌是内蒙古地区的一道特殊风味佳肴,选用"驼乡"阿拉善戈壁草原上的骆驼之掌,经"扒"制而成。驼掌细腻、富有弹性,味道极其鲜美。菜肴定名方式为主料名称前辅以辅料,口味特点是咸鲜醇香、质感软嫩、形态美观、营养丰富,是中高档宴席的必选佳肴,深受人们的喜爱。

二、菜肴制作

① 兰花驼掌的加工流程

选料→加工→装碗蒸制→装盘点缀

② 兰花驼掌的加工制作

加工设备、工具		灶具、砧板、刀具、盛器等。
原料	主辅料	发好的驼掌 400 g、西蓝花 200 g、湿淀粉 10 g。
	调味料	葱段 20 g、姜片 15 g、蒜瓣 15 g、大料 25 g、花椒 5 g、鲜汤 100 g、料酒 15 g、食用盐 7 g、鸡精 5 g、香油 3 g。
加工步骤		步骤 1:将驼掌片成片,装入碗内成形,放葱段、姜片、蒜瓣、大料、花椒、鲜汤、食用盐、鸡精、料酒上笼蒸制 30 min,拣去葱段、姜片、蒜瓣、花椒、大料,原汤滗出,扣入盘内待用;

续表

加工步骤	步骤 2：将西蓝花加工成小朵，洗净，油盐飞水后摆在驼掌的周围； 步骤 3：将蒸制驼掌的原汤倒入锅中烧开，调好味，勾芡，淋香油浇淋于主辅料上即可。
技术关键	（1）掌握好蒸制的时间，一般蒸 30 min 即可； （2）蒸制时需用大火； （3）注意造型； （4）驼掌选料时要选用发制无硬心者为佳。
类似菜肴	百花驼掌、蝴蝶驼掌。

兰花驼掌

视频：
蒜烧牛肚

一、菜肴介绍

蒜烧牛肚是内蒙古地区的一道传统风味菜肴，选用内蒙古大草原的黄牛肚经卤制后和大蒜一块烧制而成，具有强脾和胃的功效，大蒜又具有杀菌消毒、开胃健脾、去腥解腻的作用。菜肴定名方式为主料名称前辅以特殊的调味料及烹调方法，具有口味咸鲜、质地软烂、蒜香浓郁的特点。

二、菜肴制作

1 蒜烧牛肚的加工流程

选料→加工→烧制→装盘

❷ 蒜烧牛肚的加工制作

加工设备、工具		灶具、砧板、刀具、盛器等。
原料	主辅料	白卤牛肚 400 g、红椒 25 g、绿椒 25 g、淀粉 10 g。
	调味料	大蒜 80 g、高汤 200 g、食用盐 4 g、味精 4 g、料酒 10 g、大油 50 g、香油 2 g 等。
加工步骤		步骤 1:将白卤牛肚改刀成宽 0.7 cm、长 7 cm 的条状,红椒、绿椒切成宽 0.5 cm、长 6 cm 的条待用; 步骤 2:锅内放大油烧热,放入大蒜小火炸至微黄至香,倒入牛肚,烹料酒加高汤烧开,放食用盐、味精小火烧制 3 min 放入红、绿椒至熟,勾芡,淋香油装盘即可。
技术关键		(1) 选择白卤且熟烂的牛肚; (2) 大蒜要在大油中要炸出蒜香味; (3) 勾芡要在汤汁剩 1/4 时进行。
类似菜肴		葱烧牛肚、仔姜牛肚。

蒜烧牛肚

 翡翠猴头菇

视频:
翡翠猴头菇

一、菜肴介绍

翡翠猴头菇是内蒙古地区的一道传统名菜。猴头菇是一种名贵食用菌,是八大山珍之一,是一种高蛋白、低脂肪的食材,富含多种维生素、矿物质元素和多种氨基酸。此菜采用"扒"的烹调方法制作而成,菜肴定名方式为主料名称前辅以色的特征,特点是口味咸鲜醇香、质感软嫩爽滑、色泽艳丽美观、营养丰富,是高档宴席的优选佳肴,深受群众,特别是心血管患者的喜爱。

二、菜肴制作

① 翡翠猴头菇的加工流程

选料→加工→烧制→装盘

② 翡翠猴头菇的加工制作

加工设备、工具		灶具、砧板、刀具、盛器等。
原料	主辅料	水发猴头菇 500 g、西蓝花 300 g、湿淀粉 35 g、高汤 200 g。
	调味料	葱段 20 g、姜片 15 g、食用盐 7 g、味精 5 g、香油 3 g 等。
加工步骤		步骤 1：将水发猴头菇片成 0.25 cm 厚的片，整齐地装入碗内待用； 步骤 2：将葱段、姜片、食用盐 5 g、味精 3 g、高汤放入碗内，上笼蒸制 40 min 后，扣入盘内（将原汤保存备用）； 步骤 3：将油菜心洗净油盐飞水，摆在猴头菇的四周； 步骤 4：将原汤倒入锅中烧开，调好味，勾芡，在主辅料上淋香油即可。
技术关键		（1）选用发制软硬适中的猴头菇，色彩自然且带有一定茸毛； （2）形态要完整美观； （3）芡汁不宜太稠。
类似菜肴		白扒猴头菇、莲花猴头菇。

翡翠猴头菇

一、菜肴介绍

金沙牛排是内蒙古地区的一道传统风味名菜，选用内蒙古科尔沁大草原黄牛的后腿肉和蒙古族人民喜爱的食品"炒米",经炸制而成。制作工艺较为复杂,菜肴定名方式为主料名称前辅以形与色的特征,具有外香酥、内鲜嫩,色金黄,味醇香的特点,深受人们的喜爱。

二、菜肴制作

① 金沙牛排的加工流程

> 选料→加工成形→腌制→拍粉、拖蛋、蘸料→炸制→改刀装盘

② 金沙牛排的加工制作

加工设备、工具		灶具、砧板、刀具、盛器等。
原料	主辅料	牛肉 300 g、炒米 150 g、蛋液 20 g、面粉 100 g。
	调味料	食用盐 2 g、味精 2 g、料酒 5 g、葱姜水 10 g、椒盐面 5 g、色拉油 500 g(实耗 70 g)。
加工步骤		步骤 1:将牛肉片成厚 0.3 cm 的大片,两面剞刀,用食用盐、料酒、味精、葱姜水腌制待用; 步骤 2:将腌好的牛肉拍粉、拖蛋,粘上炒米待用; 步骤 3:锅内放油烧至 150 ℃时,将加工好的牛肉放入炸至金黄色捞出,改刀成一字条装盘,带椒盐面上桌即可。
技术关键		(1) 拍粉拖蛋、粘炒米要均匀全面,薄厚一致; (2) 掌握好油温,不宜太高,不超过 160 ℃。
类似菜肴		芝麻牛排、桃仁牛排。

金沙牛排

第五模块

内蒙古特色宴席

知识目标

1. 了解我国内蒙古的地理环境特点。
2. 了解我国内蒙古各地区的烹饪食材资源。
3. 了解我国内蒙古各地区的饮食文化和习俗。

能力目标

通过本模块的学习,使学生熟知内蒙古地理环境的特点;熟知内蒙古各地区的特色烹饪食材和烹饪技术;熟知内蒙古各地区的饮食文化和习俗,为更好地制作内蒙古菜肴打下坚实的基础。

一、草原迎宾宴介绍

草原迎宾宴是独具特色的美食,弘扬了我国博大精深的草原饮食文化,蕴含了草原文化的历史积淀,充分体现了草原人的勤劳勇敢和聪明智慧,反映了我国草原人文和地域特色的食材、烹饪技术、菜肴特色和餐饮精神。草原迎宾宴以其独特精致的烹调工艺、特殊的民族接待礼仪、细致周到的规范服务,不仅提升了内蒙古餐饮文化的水平,而且打造了内蒙古饮食文化的品牌。

草原迎宾宴所用食材绝大部分来自我国内蒙古大草原,将现代烹饪工艺和传统手法相结合进行烹制,将现代饮食烹饪理念与传统宴席精华相统一,"厉行节约,杜绝浪费"。菜肴于菜式组合上,以茶食、凉菜、大菜、热菜、面点等为饮食顺序,以"白食""红食"、蔬果、少量的海鲜为加工对象,体现了现代宴席的科学性、营养性、可食性。菜肴口味突出我国内蒙古大草原咸鲜、浓厚、醇香的特色,是我国内蒙古大草原接待贵宾的特色宴席之一,充分体现了我国内蒙古饮食文化的内涵,具有我国内蒙古大草原鲜明的地域性特征。

二、草原迎宾宴菜单

序号	类别	菜点名称	主辅料	特点
1	茶食	乳香飘飘	蒙古族奶制品	风味独特

续表

序号	类别	菜点名称	主辅料	特点
2	蔬果拼雕	草原风情	各种蔬果、雕刻品	造型美观，突出民族特点
3	凉菜	六味碟	各种凉食	口味多样，形态各异
4	大菜	蒙古烤全羊	整羊	外酥脆，内鲜嫩
5	热菜	蒙膳一品	牛奶、琼脂、羊脑、发菜	色彩鲜艳，质地细嫩，营养丰富
6	热菜	漠北双雄	驼掌、牛鞭	细嫩软烂，色彩各异
7	大菜	龙王献宝	龙虾	色彩鲜艳，肉质鲜嫩
8	咸点	蒙古包子	羊肉、面粉	咸鲜，鲜嫩
9	热菜	富贵醇香鸡	草原绿家鸡	色泽金黄，外酥里嫩
10	热菜	可汗宴宾	羊肉	咸鲜，鲜嫩
11	大菜	两吃奶豆腐	奶豆腐、蛋清、山楂糕	口味甜香，色彩鲜艳
12	甜点	哈达饼	面粉	酥香甜醇
13	热菜	翡翠银鳕鱼	银鳕鱼、西蓝花	外酥里嫩，色彩鲜艳
14	热菜	草原双珍	菌类	口味咸鲜，富有营养
15	热菜	紫兰翠玉	紫甘蓝、豌豆苗、绿豆芽	咸鲜脆嫩，色彩鲜艳
16	汤	宫廷极品盅	牛骨髓、鲜蘑、发菜、枸杞、人参	汤汁醇香
17	主食	蒙古蒸饺、黄金饼、荞面、莜面	面粉、羊肉、黄米、荞面、莜面	风味独特，口味各异
18	水果	塞上鲜果	西瓜、华莱士瓜	甜香

一、草原风情宴介绍

　　唱一曲深情的祝酒歌，献一条洁白的哈达，喝一碗醇香的奶酒，领略我国游牧民族风情的首选之地，就是内蒙古大草原。内蒙古大草原不仅有一望无际的草甸草原，还有秀丽的山地草原风光，更积淀着我国蒙古族厚重的传统宴饮文化。草原风情宴的创意就源于这风情草原的食文化情韵。

　　草原风情宴的文化内涵，依托于内蒙古草原浓厚的传统食文化精髓，山地草原风情的主题为草原宴饮活动提供了文化支撑。草原风情宴选用草原特色食材，以内蒙古山地草原独特的山杏仁、牛肉、羊肉、奶制品及山野菜,采用传统技艺与现代烹调工艺组合烹制。菜点与菜式组合上以凉菜、热菜、面点、主食为序,烹调方法以烤、炸、炒、烧、扒等现代烹调技术为主,菜肴口味突出北方草原咸鲜、浓厚和香醇的特点。

草原风情宴

草原风情宴特别突出菜点色彩和口味的设计,注重表现山地草原的宜人情韵。菜点定名方式与菜肴品种组合简洁精巧,以渲染内蒙古山地草原风情的主题,食内蒙古大草原特色食材,品风情飘逸的大草原。

二、草原风情宴菜单

序号	类别	菜点名称	主辅料	特点
1	凉菜	锦绣拼盘	各类凉食组合	造型美观,口味多样
2	凉菜	草原杏儿香	山杏仁	口感爽脆,奶香浓郁
3	热菜	烤羊排	羊排	色泽金黄,外焦里嫩,醇香酥烂
4	热菜	草原银丝扒牛舌	牛舌、白萝卜、西蓝花	萝卜丝清香,牛舌口味浓厚、酱香软烂、造型美观
5	热菜	鞭花四宝	牛鞭、牛舌、牛宝、牛腱	色泽红润,造型美观,脆嫩与鲜嫩并重
6	热菜	椰香奶皮子	奶皮	椰香味浓
7	热菜	草原奶飘香	奶皮、奶豆腐、炒米	奶香四溢,酥脆与软嫩并重
8	热菜	思汗手抓骨	带骨羊肉	口味咸鲜,味透肌理
9	面点	四喜蒸饺	羊肉、沙葱、面粉	口味鲜香,口感软糯
10	主食	风干牛肉焖小米饭	风干牛肉、小米	色泽金黄,干香软糯
11	果盘	鲜果拼盘	时令水果	甜香

 金帐迎宾宴

一、金帐迎宾宴介绍

金帐,即金色顶子的大帐,元朝时期为蒙古可汗款待贵宾、举办宴席的场所,现在只是取意,意为对尊贵客人的高规格接待。该宴以蒙古族传统饮食品种为主,辅以现代新派的创新蒙餐。全餐用料考究,创法精细,口味有别,同时为菜肴中的"金帐烤羊背"举行盛大的剪彩仪式。剪彩仪式在悠扬的蒙古长调、欢快的歌舞当中将宴会氛围带向高潮。此宴会不仅是对传统蒙古族宴席的继承与发扬,同时还考虑到内蒙古菜肴量大实惠、肉多菜少的特点而加入部分分餐菜肴,巧妙地搭配了海鲜和蔬菜等,起到了平衡膳食的作用,符合现代人的餐饮需求。

二、金帐迎宾宴菜单

序号	类别	菜点名称	主辅料	特点
1	鲜果	河套四鲜果	蜜瓜、香瓜、香水梨、苹果梨	香甜
2	白食	圣祖赐奶食	奶皮、奶豆腐、奶酪、炒米、馓子、黄油饼、黄油、爵克	奶香浓郁
3	茶	酥油奶茶香	牛奶、砖茶	奶香浓郁
4	凉菜拼摆	迎宾大彩拼	各类凉食	口味香鲜,美观大方
5	凉菜	蒜泥沙葱	蒜泥、沙葱	蒜香浓郁,色泽碧绿
		浩日沁三泥	土豆、红薯、茄子	口味多样,特色鲜明
		奶豆腐沙拉	奶豆腐、沙拉、火腿	
		小葱拌羊肉	熟羊肉、小葱	
		盐水羊肝	熟羊肝	
		蒙古小菜	酸黄瓜	
6	热菜	牧人四喜拼	羊肉肠、风干牛肉、羊肚、羊腰	口味咸鲜,风味特殊
7	热菜	金帐烤羊背	羊背	色泽金黄,外酥里嫩,风味独特
8	热菜	红椒蒸羊腿	羊腿	肉质软嫩,口味咸鲜微辣
9	热菜	红焖黄牛排	牛排	口味咸鲜,醇香可口
10	热菜	骨香多宝鱼	多宝鱼	口味咸鲜,肉质鲜嫩

续表

序号	类别	菜点名称	主辅料	特点
11	甜点	情深哈达饼	面粉	香甜可口,奶香浓郁
12	热菜	银杏炒芦笋	银杏、芦笋	口味咸鲜,质地脆嫩
13	热菜	奶香土豆饼	土豆、牛奶	质软甜美,奶香浓郁
14	咸点	蒙古馅饼	羊肉、面粉	口味咸鲜,肉质鲜嫩
15	主食	鄂旗酸奶面	酸奶、面粉	咸鲜微酸,奶香清爽
16	汤	发菜羊丝羹	羊肉丝、发菜	口味咸鲜,汤醇味美
17	水果	四季美果拼	时令水果	甜香脆爽

鄂尔多斯婚礼宴

一、鄂尔多斯婚礼宴介绍

鄂尔多斯婚礼宴是鄂尔多斯饮食文化的重要组成部分,蕴含着浓厚的鄂尔多斯饮食文化的审美内涵。传统的鄂尔多斯婚礼内容丰富,程序繁简不一。自中华人民共和国成立以来,鄂尔多斯婚礼宴无论是从形式上,还是菜肴上,宴席的整体设计都有了较大的变化和改进。特别是改革开放以来,在继承、发扬、开拓、创新总方针的指导下,不断地创新与提高,进一步满足市场的需求。

现代的鄂尔多斯婚礼宴是在以往的基础上改革、创新出来的,整体菜类内容包括"白食""红食",并结合新鲜蔬菜和部分海鲜、水果等,突出宴席的文化气氛。纵观整个宴席,色彩斑斓,内容丰富,寓意深刻,营养健康,可食性强。

鄂尔多斯婚礼宴的菜肴烹制,充分展现鄂尔多斯特征的菜肴有"卓尔玛全羊""蒙古包子"和奶制品等。同时也体现了鄂尔多斯婚礼宴的创新与发展,比如"花好月圆""敖包相会""情意绵绵""白头偕老"等菜肴,无论是从设计上,还是制作上均突出了草原文化的内涵,展现了草原文化的品位。

鄂尔多斯婚礼宴,从整体的宴席设计、菜名特色、烹调工艺等诸多方面,体现出了鄂尔多斯草原传统的文化魅力和烹调技术,也体现出鄂尔多斯饮食文化的博大精深,更是鄂尔多斯草原饮食文化的推广和发扬。

二、鄂尔多斯婚礼宴菜单

序号	类别	菜点名称	主辅料	特点
1	茶食	乳香飘飘	蒙古族奶制品	民族风情浓

续表

序号	类别	菜点名称	主辅料	特点
2	拼雕	鸳鸯戏水	各种雕刻品	喜庆、吉祥
3	凉菜	花开富贵（六味碟）	火腿、苦瓜、蛋糕、西红柿、口条、酱牛肉	寓意美好（欣欣向荣）
4	大菜	草原情怀（卓尔玛全羊）	整羊	传统名菜，民族特色
5	热菜	红娘自配	大虾、里脊肉、海参、面包	寓意深刻，口味醇香
6	热菜	花好月圆	牛肉、鸡蛋	造型美观，口味多样
7	大件	一帆风顺	羊排	外脆里嫩
8	点心	蒙古包子	羊肉、面粉	口味咸鲜，肉质鲜嫩
9	热菜	敖包相会	栗米粒、松仁、枸杞、葡萄干	色彩鲜明，风格独特
10	热菜	游龙戏凤	人参、乌鸡（鸡）	汤汁鲜浓，肉质软烂，且有药用价值
11	甜件	情意绵绵（金蝉吐丝）	琼脂、牛奶、鸡蛋、糖	色泽金黄，丝状连绵，甜酥香脆
12	点心	喜庆南瓜饼	南瓜	香醇酥糯，色泽金黄
13	热菜	额吉情深（玉环珍珠糯米球）	糯米粉、江米、冬瓜	造型美观，色彩明快素雅
14	热菜	早生贵子（松子鳜鱼）	鳜鱼、松子	色泽金红，形态逼真
15	饭菜	白头偕老	竹荪、笔杆笋	口味咸鲜，质地脆嫩
16	饭菜	百年好合	西芹、百合	色彩分明，质地脆嫩
17	汤	草原和亲羹	牛奶、炒米	口味甜香，奶香浓郁
18	主食	情意绵长 幸福美满	羊肉、面粉、鸡蛋、米饭、火腿	口味多样，口感各异
19	水果	子孙满堂	葡萄、西瓜、华莱士瓜	香甜

一、全牛宴介绍

全牛宴采用优质科尔沁黄牛肉为主要食材，以内蒙古草原食牛之饮食传统食俗为思路,集全黄牛各部位组合不同风格菜肴于一席,谓之全牛宴。

全牛宴的食材均来自黄牛各部位。运用现代烹饪技艺与传统手法组合烹制,浓缩传统规模场面于一席。将现代饮食烹调理念与传统大宴精华相统一,在菜肴与菜式组合上,以凉菜、热菜、面点为饮食顺序。烹调工艺以烤、炸、炒、烧、扒等现代烹饪技术为主。菜肴口味突出北方草原咸鲜、浓厚和香醇特色,同时菜肴烹制突出草原食俗特征,如"草原扒牛掌""牛脑羊肚菌""腾飞内蒙古"等一系列菜肴,都突出了内蒙古草原饮食文化的传统内涵。

全牛宴

全牛宴在根植于我国内蒙古草原宴饮文化的基础上,着重现代宴饮艺术的创新。在原料选择上完全以科尔沁草原黄牛为特色食材,在文化和艺术审美方面,突出了草原饮食文化鲜明的地域性特征。

二、全牛宴菜单

序号	类别	菜点名称	主辅料	特点
1	冷拼	草原迎宾花篮	多样	口味多样,造型美观
2	凉菜	如意牛肉卷	熟牛肉	口味咸鲜,口感柔软
3	凉菜	牛肉丝拌沙葱	熟牛肉、沙葱	葱香味浓
4	凉菜	杏仁牛肉糕	山杏仁、牛肉	杏仁味浓,口味咸鲜
5	凉菜	五香酱牛舌	酱牛舌	酱香浓郁,五香味突出
6	热菜	金塔辽参	辽参、牛胸口肉	色泽金黄,口味咸鲜
7	热菜	赛罕鼻	牛鼻子	色泽红润,形似罕鼻
8	热菜	油焖牛排	牛排	色泽金红,口感油香
9	热菜	草原扒牛掌	牛掌	色泽黄红,口感软嫩
10	热菜	草原灵芝引神农	灵芝、牛肉	色泽红润,营养丰富
11	热菜	牛脑羊肚菌	牛脑、羊肚菌	口感软糯,口味咸鲜
12	热菜	草原特色烤肉干	牛肉	色泽红润,干香质良

续表

序号	类别	菜点名称	主辅料	特点
13	热菜	骨髓元宝虾	牛骨髓、虾	口味咸鲜,色泽红白相间
14	热菜	腾飞内蒙古	牛尾、牛肚	造型似金龙腾飞,色泽红润,口味醇香
15	热菜	金米鞭花	玉米、牛鞭、牛宝	牛鞭造型似花朵开放,菜肴色调金黄,口味清新
16	热菜	牡丹争艳	牛里脊	形似牡丹,外焦里嫩
17	热菜	书读万卷	冬瓜	形似书籍,口味咸鲜
18	面点	功夫龙须面	龙须面	口味咸鲜
19	面点	荞面刺猬包	面粉	形似刺猬
20	面点	奶黄酥	面粉	口感酥香
21	面点	双色四喜蒸饺	牛肉、面粉	色泽艳丽,口味咸鲜
22	果盘	鲜果	时令水果	甜香

主要参考文献

［1］ 周晓燕.烹调工艺学［M］.北京:中国纺织出版社,2008.

［2］ 田宏利.吃遍内蒙古［M］.呼和浩特:内蒙古人民出版社,2015.

［3］ 内蒙古自治区标准化院,内蒙古自治区餐饮与饭店行业协会.蒙餐——中国第九大菜系［M］.北京:中国质检出版社,2010.

［4］ 王树温.烹饪原料加工技术［M］.北京:中国商业出版社,2000.

［5］ 黄勤忠.烹饪原料知识［M］.北京:中国商业出版社,2000.

［6］ 汪萍,王洪宝,屈宇芳.厨师必读［M］.北京:中国展望出版社,1986.

［7］ 尹正业.中式烹调师培训考核教材［M］.呼和浩特:内蒙古人民出版社,2001.

［8］ 中国就业培训技术指导中心.国家职业资格培训教程:中式烹调师［M］.北京:中国劳动社会保障出版社,2007.

［9］ 岳占标,陆文学.科尔沁美食文化［M］.呼和浩特:内蒙古人民出版社,2014.